实验性工业设计系列教材

人机工程与创新

武奕陈　编著

U0283333

中国建筑工业出版社

图书在版编目（CIP）数据

人机工程与创新/武奕陈编著. —北京：中国建筑工
业出版社，2014.5
实验性工业设计系列教材
ISBN 978-7-112-16769-2

I.①人…　Ⅱ.①武…　Ⅲ.①人−机系统−教材
Ⅳ.①TB18

中国版本图书馆 CIP 数据核字（2014）第 079315 号

本书主要针对在设计中的人机工程学的运用的方方面面进行了详细的解释与分析。本教材属于实验性教材，以创新的实验性案例来进行概念阐述与理论讲解。本书总共包括五章二十四节内容，从对人机工程学基本概念的阐释，到通过全面的案例来说明人机工程学在设计中，尤其是工业设计中的重要作用与具体应用方法。

本书第一章从概念、发展史和研究对象的角度对人机工程学进行了基本解读；第二章主要围绕人机工程学的重要研究对象——人，介绍人的身体构造与机能，从人机工程学的测量方法，基本数据等内容来了解人的基本身体构造与机能；第三章以"界面"这个人机工程学在设计中最重要的载体作为切入点，来讲解"硬界面"和"软界面"概念与区别，并附以相关原创案例加以说明；第四章从"人、事、场、物"的要素进行分析，进而介绍不同的调查方法以及相关的原创设计案例；第五章注重介绍人机工程学在创新中的重要作用。

本书可作为广大工业设计专业本科学生的专业教材或辅助教材；对高校工业设计相关专业教师的教学工作也具有较好的参考价值。

责任编辑：吴　绫　李东禧
责任校对：李美娜　党　蕾

实验性工业设计系列教材
人机工程与创新
武奕陈　编著

*

中国建筑工业出版社出版、发行（北京西郊百万庄）
各地新华书店、建筑书店经销
北京嘉泰利德公司制版
北京方嘉彩色印刷有限责任公司印刷

*

开本：787×1092毫米　1/16　印张：7¼　字数：180千字
2014年7月第一版　2014年7月第一次印刷
定价：45.00元
ISBN 978-7-112-16769-2
（25567）

"实验性工业设计系列教材"编委会

（按姓氏笔画排序）

主　编：王　昀

编　委：卫　巍　马好成　王　昀　王菁菁　王梦梅

　　　　刘　征　严增新　李东禧　李孙霞　李依窈

　　　　吴　绫　吴佩平　吴晓淇　张　煜　陈　苑

　　　　陈　旻　陈　超　陈斗斗　陈昇子　陈晓蕙

　　　　武奕陈　周　波　周东红　茍小翔　徐望霓

　　　　殷玉洁　康　琳　章俊杰　傅吉清　雷　达

序 一

今天，一个十岁的孩子要比我们那时（20世纪60年代）懂得多得多，我认为那不是父母亲与学校教师，而是电视机与网络的功劳。今天，一个年轻人想获得知识也并非一定要进学校，家里只需有台上了网的电脑，他（她）就可以获得想获得的所有知识。

联合国教科文组织估计，到2025年，希望接受高等教育的人数至少要比现在多8000万人。假如用传统方式满足需求，需要在今后12年每周修建3所大学，容纳4万名学生，这是一个根本无法完成的任务。

所以，最好的解决方案在于充分发挥数字科技和互联网的潜力，因为，它们已经提供了大量的信息资源，其中大部分是免费的。在十年前，麻省理工学院将所有的教学材料都免费放到网上，开设了网络公开课。这为全球教育革命树立了开创性的示范。

尽管网上提供教育材料有很大好处，但对这一现象并不乏批评者。一些人认为：并不是所有的网络信息都是可靠的，而且即便可信信息也只是真正知识的起点；网络上的学习是"虚拟的"，无法引起学生的注目与精力；网络上的教育缺乏互动性，过于关注内容，而内容不能与知识画等号等等。

这些问题也正说明传统大学依然存在的必要性，两种方式都需要。99%的适龄青年仍然选择上大学，上著名大学。

中国美术学院是全国一流的美术院校，现正向世界一流的美术院校迈进。

在20世纪1928年的3月26日，国立艺术院在杭州孤山罗苑举行隆重的开学典礼。时任国民政府教育部长的蔡元培先生发表热情洋溢的演说："大学院在西湖设立艺术院，创造美，以后的人，都改其迷信的心，为爱美的心，借以真正完成人们的美好生活。"

由国民政府创办的中国第一所"国立艺术院"，走过了85年的光阴，经历了民国政府、抗日战争、解放战争、"文化大革命"与改革开放，积累了几代人的呕心历练，成就了一批中华大地的艺术精英，如林风眠、庞薰琹、赵无极、雷圭元、朱德群、邓白、吴冠中、柴菲、溪小彭、罗无逸、温练昌、袁运甫……他们中间有绘画大师，有设计理论大师，有设计大师，有设计教育大师；他们不仅成就了自己，为这所学校添彩，更为这个国家培养了无数的栋梁之才。

在立校之初林风眠院长就创设了图案系（即设计系），应该是中国设立最早的设计专业吧。经历了实用美术系、工艺美术系、工业设计系……今天设计专业蓬勃发展，已有 20 多个系科、40 多个学科方向；每年招收本科生 1600 人，硕士、博士生 350 人（一所单纯的美术院校每年在校生也能达到 8000 人的规模）；就读造型与设计专业的学生比例基本为 3：7；每年的新生考试基本都在 6 万多人次，去年竟达到了 9 万多人次。2012 年工业设计专业 100 名毕业生全部就业工作。在这新的历史时期，中国美术学院院长提出："工业设计将成为中国美术学院的发动机"。

这也说明一所名校，一所著名大学所具备的正能量，那独一无二的中国美术学院氛围和学术精神，才是学子们真正向往的。

为此，我们编著了这套设计教材，里面有学识、素养、学术，还有氛围。希望抛砖引玉，让更多的学子们能看到、领悟到中国美术学院的历练。

赵阳于之江路旁九树下

2013 年 1 月 30 日

序　二　实验性的思想探索与系统性的学理建构

在互联网时代，海量化、实时化的信息与知识的传播，使得"学院"的两个重要使命越发凸显：实验性的思想探索与系统性的学理建构。本次中国美术学院与中国建筑工业出版社合作推出的"实验性工业设计系列教材"亦是基于这个学院使命的一次实验与系统呈现。

2012 年 12 月，"第三届世界美术学院院长峰会"的主题便是"继续实验"，会议提出：学院是一个（创意）知识的实验室，是一个行进中的方案；学院不只是现实的机构，还是一个有待实现的方案，一种创造未来的承诺。我们应该在和社会的互动中继续实验，梳理当代艺术、设计、创意、文化与科技的发展状态，凸显艺术与设计教育对于知识创新、主体更新、社会革新的重要作用。

设计本身便是一种极具实验性的活动，我们常说"设计就是为了探求一个事情的真相"。对真相的理解，见仁见智。所谓真相，是针对已知存在的探索，其背后发生的设计与实验等行为，目的是为了找到已知的不合理、不正确、未解答之处，乃至指向未来的事情。这是一个对真相的思辨、汲取与认识的过程，需要多种类、多层次、多样化的思考，换一个角度说：真相正等待你去发现。

实验性也代表着一种"理想与试错"的精神和勇气。如果我们固步自封，不敢进行大胆假设、小心求证的"试错"，在教学课程与课题设计中失却一种强烈的前瞻性、实验性思考，那么在工业设计学科发展日新月异的当下，是一件蕴含落后危机的事情。

在信息时代，除了海量化、实时化，综合互动化亦是一个重要的特征。当下的用户可以直接告诉企业：我要什么、送到哪里等重要的综合性信息诉求，这使得原本基于专业细分化而生的设计学科各专业，面临越来越多的终端型任务回答要求，传统的专业及其边界正在被打破、消融乃至重新演绎。

面向中国高等院校中工业设计专业近乎千篇一律的现状，面对我们生活中的衣、食、住、行、用、玩充斥着诸如 LV、麦当劳、建筑方盒子、大众、三星、迪斯尼等西方品牌与价值观强植现象，中国的设计又该何去何从？

中国美术学院的设计学科一直致力于探求一种建构中国人精神世界的设计理想，注重心、眼、图、物、境的知识实践体系，这并非说平面设计就是造"图"、工业设计与服装设计就是造"物"、综合设计就是造"境",实质上,它是一种连续思考的设计方式,不能被简单割裂,或者说这仅代表各个专业回答问题的基本开场白。

我们不再拘泥于以"物"为区分的传统专业建构,比如汽车设计专业、服装设计专业、家具设计专业、玩具设计专业等,而是从工业设计最本质的任务出发,研究人与生活,诸如:交流、康乐、休闲、移动、识别、行为乃至公共空间等要素,面向国际舞台,建立有竞争力的工业设计学科体系。伴随当下设计目标和价值的变化,新时代的工业设计不应只是对功能问题的简单回答,更应注重对于"事"的关注,以"个性化大批量"生产为特征,以对"物"的设计为载体,最终实现人的生活过程与体验的新理想。

中国美术学院工业设计学科建设坚持文化和科技的双核心驱动理念,以传统文化与本土设计营造为本,以包豪斯与现代思想研究为源,以感性认知与科学实验互动为要,以社会服务与教学实践共生为道,建构产品与居住、产品与休闲、产品与交流、产品与移动四个专业方向。同时,以用户体验、人机工学、感性工学、设计心理学、可持续设计等作为设计科学理论基础,以美学、事理学、类型学、人类学、传统造物思想等理论为设计的社会学理论基础,从研究人的生活方式及其规划入手,开展家具、旅游、康乐、信息通信、电子电器、交通工具、生活日常用品等方面产品的改良与创新设计,以及相关领域项目的开发和系统资源整合设计。

回顾过去,本计划从提出到实施历时五年,停停行行、磕磕绊绊,殊为不易。最初开始于 2007 年夏天,在杭州滨江中国美术学院校区的一次教研活动;成形于 2009 年秋天,在杭州转塘中国美术学院象山校区的一次与南京艺术学院、同济大学、浙江大学、东华大学等院校专业联合评审会议;立项于 2010 年秋天,在北京中国建筑工业出版社的一次友好洽谈,由此开始进入"实验性工业设计系列教材"实质性的编写"试错"工作。事实上,这只是设计"长征"路上的一个剪影,我们一直在进行设计教学的实验,也将坚持继续以实验性的思想探索和系统性的学理建构推进中国设计理想的探索。

王昀撰于钱塘江畔

壬辰年癸丑月丁酉日(2013 年 1 月 31 日)

前　言

我们用手机与人沟通，用汽车作为代步工具，用计算机来替我们工作，用电动工具来进行各种工程制造……我们的生活、工作、学习中会涉及各种产品。从石器时代开始，人类的祖先就开始掌握"工具"的使用，并随着时代的推移与需求的增加，工具也伴随人的进化而不断演变，从纯粹的满足功能为主，渐渐变成以注重方便人的使用为主。工具正经历从满足生存手段的形式，到方便人使用，甚至是拓展新需求的转变。"人"在工具发展历程中的中心地位正在渐渐凸显，而发展到当今的时代，我们所使用的各种各样的产品正是我们当代的工具。产品能为我们舒适地使用，也正是因为在它们的设计过程中考虑到了"人"这个用户。以人为本的设计理念，促使了我们的产品能便于我们使用，这也就导致了人机工程学的提出和发展。

人机工程学，是当代设计，尤其是工业设计中重要的一个设计要素，也是设计过程中重要的考量依据及验证方法。在长期的发展中，通过运用各种测量手段，对人的基本尺度以及在使用产品中所涉及的人体各个部分的尺寸进行了解与记录，并对各种行为进行数据量化。内容包括人的身体构造与机能，人的知觉器官与反应，人的行为选择与诉求，人的群体分类与差异，人的生物节律与个体差别，人的健康保护与刺激耐受极限等，并逐渐发展到研究使用者心理的层面，包括劳动生理学、劳动心理学等。生理和心理的双重考虑是人机工程学对人的全面了解与分析的重要方面，从而利用各种科学的依据，更好地为产品设计服务。

我们设计的产品要为人所用，方便人使用，使用安全舒适，甚至从需要使用到喜欢使用，除了对人的研究以及对产品的研究以外，更需要对使用产品与人所在的环境进行研究。所以就是要对人、事、场、物进行分析。

所谓"人、事、场、物"，就是在设计产品的过程中，要充分考虑这四者之间的影响与联系：不同的消费人群，使用产品的习惯与使用要求不同；不同的环境，就会有不同的使用者，也会有不同的环境要素，也就影响到产品的形态、功能等方面，因此需要研究人、物和场等的相互关系。所以会涉及尺度、行为、心理三个重要的衡量要素，主要针对的是人，也是"人"影响"事、场、物"的要素。人的生理与心理尺度影响着产品，把产品的概念扩大化之后，就会是建筑、空间，即人的生理与心理尺度影响了环境，也就是"场"。所以，人机工程学除了涉及我们所说的常用的产品之外，还包括建筑空间、视觉传达等不同的领域，更充分说明了人机工程学的重要性，所以我们更需要去学习与研究，真正做到产品的以人为本。

同时，用户的需求多样化造就了产品市场的多样化，相互竞争的激烈化。我们的产品制造企业在坚持功能至上、以人为本的同时，正接受这个个性化与用户体验需求膨胀的时代挑战。满足需求已经向引导需求转变，如何使设计的产品让用户有更新的用户体验以及操作感受，正是当代的产品设计需要考虑的，让产品去挖掘用户潜在的需求，创造新的可能性。而在此时，人机工程学在更多的时候就扮演了一个尺度标准及可参考指标，这就是人机工程学在设计中的创新作用。人机工程学能让设计师以用户的行为表现、心理特征等为标尺，探寻产品新型化、个性化以及遵循最本质的要求。

而人机工程学在当下的设计教学语境中，往往扮演的就是标准与守则的角色，缺少了一种作为创新的力量。而本教材正是以实验性为主，强调人机工程学与创新，通过原创的案例，说明如何利用人机工程学创新，让人机工程学体现设计新时代的价值。

目　录

第五章 人机工程学与创新

第一章　认识人机工程学

我们的生活中，往往会有遇到这样的问题，比如：来到一个陌生的车站，但却一下子找不到出口在哪里，或者是标识牌在一堆广告中；机场候机大厅的地面光亮整洁，但是反光太大，太阳光透进来，就非常刺眼；楼梯的把手太细，握着太难受；公共汽车的把手晃动得太厉害；有些鼠标携带方便但使用未必方便（图1-1）；门把手的金属质感很有美感，握着却不舒服，等等。类似的问题我们可以列举很多很多，这些环境、这些产品要让人使用起来感觉舒适，甚至是看起来也舒适，那设计的过程中就要以人为出发点。从某种意义上来说，这种设计理论原则，就是人机工程学。

1.1　初识人机工程学

人机工程学，又叫人机工学或人因工学，是一门重要的工程技术学科。它是管理科学中工业工程专业的一个分支，是研究人和机器、环境的相互作用及其合理结合，使设计的机器和环境系统适合人的生理、心理等特点，达到在生产中提高效率、安全、健康和舒适目的的一门科学。

我们学习人机工程学的目的就是学会要以人为主体，运用人体测量、生理、心理测量等手段和方法，研究人体的结构功能、心理、生物，力学等方面与工业设计之间的协调关系，以适合人的身心活动要求，取得最佳的使用效能，其目标是安全、健康、高效能和舒适。

人机工程学的主要研究对象是人、机器以及环境，其中涉及尺度要素、行为要素以及心理要素等，会在后面的章节中具体展开。

人机工程学是一门交叉性强的基础应用科学，也是指导设计学科进行设计研究的重要科学基础。在设计领域主要涉及服装设计、工业设计以及环境艺术设计。

图1-1　方便携带是否等于使用舒适

人机工程学以人—机关系为研究的对象，以实测、统计、分析为基本的研究方法。通过对于生理和心理的正确认识，使产品因素适应人类生活活动的需要，进而达到产品质量的目标。

1.2 人机工程学发展简史

既然与人息息相关，那就是从人会劳动开始，其实就与人机工程学息息相关，也就是说从旧石器时代开始，原始人使用打制石器，就开始了人机工程学的发展，那时候的简易工具就是人机工程学发展的起点。从石器时代到中国的青铜器时代，人对工具的改良正是因为人自身的需求来不断改变器具以更好地服务于人。

人机工程学真正发展起来是通过三个阶段。

第一阶段：人适应机器。

这个阶段发展于第一次世界大战时期，因工业生产以及战争机器等需求，英国首先建立了工业疲劳研究所，以机械为中心进行设计，在人机关系上以选择和培训操作者为主，使人适应机器（图1-2）。

这一阶段称为经验人机工程学时期。

第二阶段：机器适应人。

这一阶段主要依附于第二次世界大战，对战争武器的需求促进了劳动力，也就是人对于劳动条件以及对劳动效率提高的要求，一直到美国的军事航天发展。由于战争的需要，新式武器和装备在使用过程中暴露了许多缺陷，要考虑人的生理、心理、生物力学等因素，力求使机器更适应人（图1-3）。

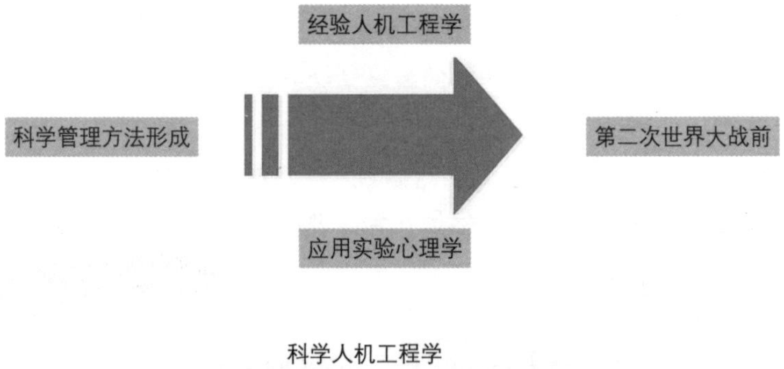

图 1-2
人机工程学发展的第一
阶段

经验人机工程学

科学管理方法形成 → 第二次世界大战前

应用实验心理学

图 1-3
人机工程学发展的第二
阶段

科学人机工程学

"人适机" 工程心理学 "机宜人"

这一阶段被称为科学人机工程学时期。

第三阶段：人—机—环境互相协调

这一阶段主要发展于20世纪60年代后，随着人与机器的高速发展，开始出现资源匮乏、大面积破坏环境等问题，人开始注意起生存的大环境，并且也注意到人机发展中的机器使用环境与人的协调，使得人与机器的相互作用更加高效。

"人—机—环境"成为这个阶段主要的研究内容，它涉及的知识领域相当广泛，目的是使人—机—环境能更好地协调发展。社会发展向后工业社会、信息社会过渡。

人机工程学提倡"以人为本"、为人服务的思想，强调从人自身出发。在以人为主体的前提下研究人们的衣、食、住、行以及一切与生活、生产相关的各种因素如何健康、和谐地发展，这也将成为人机工程学研究的主要内容。

这一阶段被称为现代人机工程学时期。

1.3　人机工程学的研究对象

人机工程学研究的主要内容大致分为三个方面：

（1）人体特性的研究，包括人体测量参数、心理学、生理学、解剖学等方面；

（2）人机系统的整体研究；

（3）环境及安全性的研究。

人机工程学是一门交叉性强的基础应用科学，也是指导设计学科进行设计研究的重要科学基础。从人机工程学研究的问题来看，涵盖了技术科学和人体科学的许多交叉问题（图1-4）。

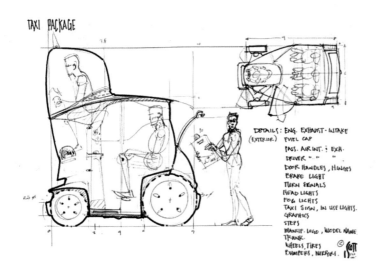

图1-4
概念车空间与人的关系考虑

如果能注意体力和脑力的负荷、性别、年龄和时间等人的因素的影响，并考虑温度、噪声、光线、粉尘、振动、气候等环境因素的影响，那么人机工程学的设计，将会在城市建筑、交通、机械、农业和林业中发挥更积极的作用（图1-5）。

人机工程学可以在不同领域对不同对象进行设计指导，包括产品设计领域（图1-6）、环境设计领域（图1-7）以及界面设计领域与设计管理领域（图1-8）。

图1-5
汽车中控台的布局根据人的使用习惯而来

	对　象	示　例
产品设计	设备与设施设计	生产设备、公共设施、无障碍设施、电动工具、仪器仪表、生产器械、医疗器械、健身器械
	电子产品设计	信息产品、生活家电产品
	家具设计	工作台、座椅、橱柜
	生活用品设计	卫生用品、餐饮用品
	运输工具设计	自行车、汽车、飞行器、船舶、农用运输产品

图1-6
产品设计领域

	对　象	示　例
环境设计	生产环境设计	作业空间设计、厂房车间设计
	公共环境设计	剧院设计、运动场地设计、无障碍设计、展示设计
	室内设计	商用室内设计、私用室内设计、公用室内设计

图1-7
环境设计领域

	对　象	示　例
界面设计	软件人机界面设计	产品操作界面、产品功能板块界面
	硬件人机界面设计	屏幕展示设计界面、游戏界面、程序界面
设计管理	组织、信息、技术、智能、模式	流程管理与制造、生产与服务过程优化、组织结构与部门界面管理、决策行为模式、企业文化、管理信息系统、计算机集成制造系统、虚拟企业

图1-8
界面设计领域与设计管理领域

第二章 了解人的特性

　　人机工程学涉及我们生活的方方面面，我们生活和工作中使用的各种设施，与我们的身体特征及基本的尺寸有关（图2-1），同时也与我们操作设施的空间有关，如我们开车的车内部各功能模块的布局，人的座椅尺寸的舒适度（图2-2），银行ATM机的操作简易度等，在不久的将来，人将会与机器有更进一步的接触（图2-3），这都是我们在人机工程学中需要去了解的知识，所以，对人的各个层面的身体结构与尺寸的了解，是人机工程学课程的基本要求。有了对人本身的数据的了解，才能在设计产品的时候，以人（用户）为中心进行设计，从而创造出符合人的使用习惯、适合人用，且人们喜欢用的产品。

　　在人的特性研究的各个层面，应用人体测量学、人体力学、劳动生理学、劳动心理学等研究方法对人体的各个方面特征、机能进行研究，提供人体各部分的尺寸、体重、重心等在活动时的相互关系和可及范围等人体结构特征参数；提供人体各部分的出力范围、活动范围、动作频率、重心变化等人体机能参数；分

图2-1　人操作机器

图2-2　汽车的内部操作界面

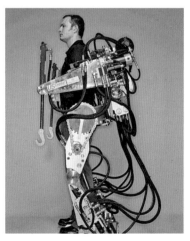

图2-3　人与机器

析人的视觉、听觉、触觉以及肤觉等感受器官的机能特征；分析人在各种劳动时的生理变化、疲劳变化以及劳动负荷能力等；探讨人在工作中的心理变化以及心理因素对工作的影响等，提供人体各部分的尺寸研究；进行各种行为的数据量化，提供科学的依据。

具体要掌握的包括人的身体构造与机能，人的知觉器官与反应，人的行为选择与诉求，人的群体分类与差异，人的生物节律与个体差别，人的健康保护与刺激耐受极限。包含了不同的人与产品交互之间的不同的状况与要求。

2.1 人的身体构造与机能

人的身体构造与机能主要是通过对人体的静态与动态进行测量与数据搜集，以量化指标来使得在产品设计时有科学依据用以参考，方便设计师使用（图2-4）。

人体测量学是人机工程学不可缺少的基础学科。伴随着工业时代的来临，成千上万统一规格的产品产生，如何使这些社会化的产品能够适应千差万别的人类尺度，使人—机系统中的人和机能够合理地匹配，成为最迫切需要解决的问题。人体测量学便是通过测量人体各部位的尺寸来确定个体之间和群体之间在人体尺寸上的差别，用以研究人的形态特征，从而为各种工业设计和工程设计以及人类学研究等提供人体测量数据的科学。

2.1.1 静态测量

静态人体尺寸是一种结构尺寸，静态人体尺寸测量是指被测者静止地站着或坐着进行的一种测量方式。主要包括：身高、眼高、手掌长度、腿高和坐高（图2-5）。静态尺寸可以通过固定身体部位，标准姿势，

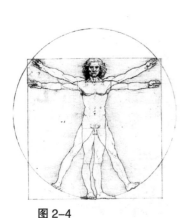

图2-4
达·芬奇的人体比例研究图

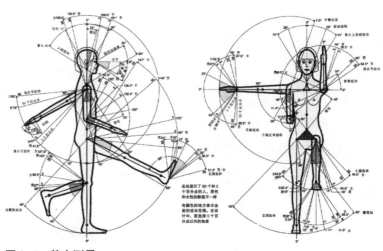

图2-5 静态测量

借助人体测量仪器和工具获得。静态测量的人体尺寸用以设计工作区间大小、产品界面元件、家具以及一些工作设施等。

2.1.2　动态测量

动态人体尺寸是一种功能尺寸，动态人体尺寸测量是指被测者处于运动或操作状态下所进行的人体尺寸测量，其重点是测量人在执行某种运动或操作时的身体动态特征。通常是对手、上肢、下肢、腿所及的范围以及各关节能达到的距离和能转动的角度进行测量（图2-6）。动态人体尺寸测量的特点是：在任何一种身体活动中，身体各部位的动作并不是独立无关的，而是协调一致的，具有连续性和活动性。

2.1.3　静态与动态测量的意义及应用

从工业设计的角度来说，直接测量人体的原始数据一般不能作为设计的直观参数。因为这其中存在着个体与群体的关系，被测的只是一些人，也就是群体中的少部分，不能代表所有人的尺寸，所以之后需要进行大量的统计与整理，得到能表征该群体的人体尺寸的某种特性的统计量，以便使测量数据能反映该群体的形态特征及差异程度。设计为该群体使用的产品时，往往要用到人体测量数据的统计特征量，而不是个体的数据测量结果，这样最终设计的产品才能符合最大部分人的要求，从而创造价值。

对于静态人体测量数据，可根据数理统计原理进行分析。当被测群体或所采集的样本分布较大时，所得的数据基本符合正态分布规律。因此，在对人体测量数据作统计处理时，通常使用三个统计量——算术平均值、标准差、百分位数，利用这些统计量就能很好地描述人体尺寸的变化规律性。

人体测量数据的应用范围广泛，主要应用于：

1）对一个国家或地区的人进行数据测量研究以后，可以方便在不同生产领域制定相应的国家标准，方便制造与生产，提供给适用的人群。

2）方便对人类种族的生理变化进行研究，提供一定的数据支持，寻找变化的规律，发现不同人群的生长发育规律，为生物学与人类学作贡献。

3）为工业、国防、医学、体育、建筑、美术等领域进行实际应用提供理论基础，无论在空间还是物体本身，只要与人接触的物体，都需要人体测量数据来进行规划与设计。

4）为产品设计提供不可或缺的设计要求。产品设计的对象广泛，从交通工具到通信工具，都是产品设计的范围，随着设计范围的变化，产品操作空间等都成了产品设计需要考虑的范围，所以人体数据测量

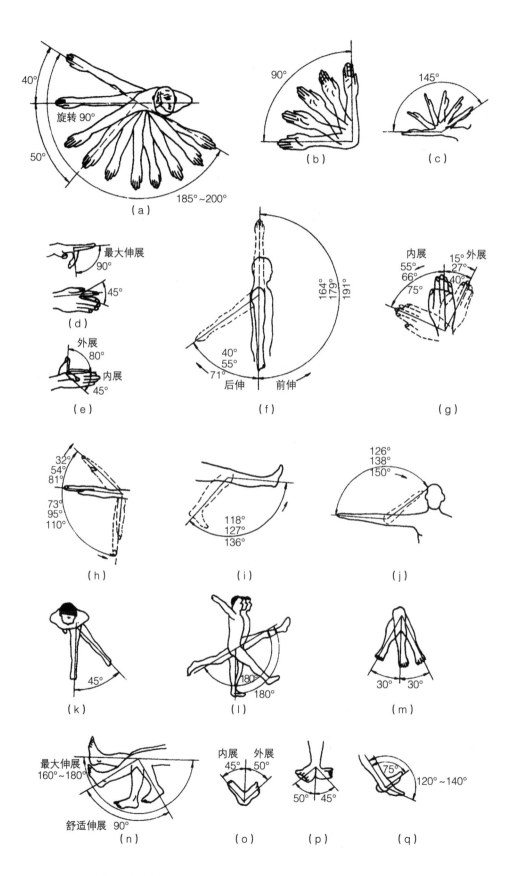

图 2-6
动态测量

的意义非常大，主要表现在：

（1）产品操作要求，包括产品操作的所需尺寸，如高度、长度等；产品的操作适应度，如握把的直径、按钮的大小等以及相关的动作的数据。

（2）产品操作空间的要求，产品的容量与人的关系，比如汽车的内部操作空间是否适合同一类人群（消费者），整体家居的使用空间要求大小等。

（3）综合性的要求，从空间与具体界面的整体设计要求出发进行考量，比如从车的空间布局与人需要操作的界面设计出发，是非常整体的设计要求，就需要大量的人体静态与动态测量的数据。

2.2　人的知觉器官与反应

我们存在于周围的环境中，使用各种类型的产品，就会有与之互动的过程，这就是我们的各种感知器官与反应，就是各种感觉，包括生理的与心理的，我们要研究人机工程学，人是人机系统的操作者，是这个系统的中心，所以就要研究人的生理测定与心理测定，并进行参数化，也就是研究生理测定计量与心理测定计量（图2-7）。

2.2.1　生理测定计量

我们生活的环境中，我们使用的各种产品，我们与它们的互动作用，我们获取各种信息，都是通过我们的知觉与感觉器官获取的。用知觉与感觉器官来收取外界的信息，将之传到神经中枢，再由中枢判断并下达命令给运动器官以调整人的各种复杂行为，这就是人的知觉和感觉的过程。感觉为人的知觉、记忆、思维等复杂的认识活动提供了原始资料。我们产生的各种心理反应，都是通过感觉的回馈而产生的。我们通过感觉得到外界信息，然后经过综合和解释产生了对事物的总体认识，这就是知觉。

人类的感觉器官依作用可分为五类，即视觉、听觉、触觉、嗅觉、味觉，也就是通常所说的"五感"（图2-8），设计是为了满足人类的需求，而感官需求是人类最基本的需求。因此，所有设计的根本出发点都应该是看似原始的人类感官需求——"五感"。这其中视觉、听觉与触觉与工业设计息息相关，所以着重进行介绍。

1. 视觉

视觉是光进入人眼睛才产生的，由于有了视觉，我们才能知道各种物体的形状、色彩、明度，一般来说，人类所获

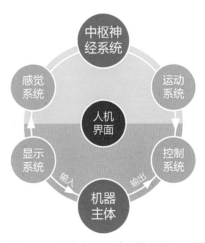

图2-7　人在人机系统中的作用

图 2-8
人的五感

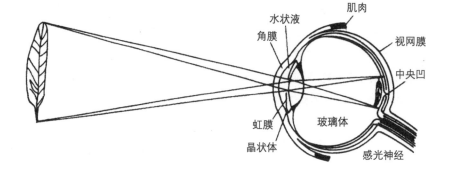

图 2-9
视觉图

得的信息有 80% ~85% 来自于视觉（图 2-9）。

视觉的适宜刺激是光，光是放射的电磁波，人眼所能感受的光线波长为 380~780nm（纳米），在这个范围之外的光都不能引起视觉的反应。

视觉是所有感觉中神经数量最多的感觉器，其优点是：可以在短时间内获取大量的信息；可利用颜色和信号传递性质不同的信息；对信息敏感，反应速度快；感觉范围广，分辨率高；不容易残留以前刺激的影响。但是视觉也容易发生错视、错觉和疲劳等缺点。

1）视觉的主要参数

（1）视角

视角是被看目标物的两点光线投入眼球的交角。眼睛能分辨被看目标最近两点光线投入眼球时的交角称为临界视角。正常视力的临界视角是 1 度，视力下降，临界视角增大。

（2）视力

视力是眼睛对物体形态的分辨能力，是眼睛分辨物体细节能力的一个生理尺度，是用临界视角的倒数来表示的。视力强弱随着年龄、观察对象的亮度、背景的亮度以及两者之间的亮度和对比度等条件的变化而变化。

（3）视野

视野是在人的头部和眼球固定不动的情况下，眼睛观看正前方时所能看见的空间范围，通常以角度来表示（图 2-10、图 2-11）。

（4）立体视觉

人的视网膜是球面状的，所获得的外界信息也只能是二维的影像。但是人能够知觉客观物体的第三维的深度，这就是立体视觉。两眼重

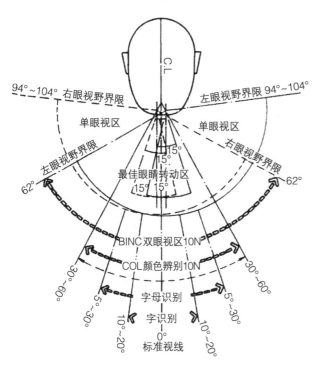

图 2-10 水平内视野

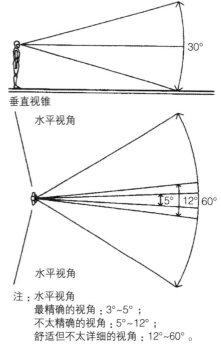

注：水平视角
最精确的视角：3°~5°；
不太精确的视角：5°~12°；
舒适但不太详细的视角：12°~60°。

图 2-11 水平视野

形成的物象融合为双眼单视后，可以辨别物体的高低、深浅、远近、大小，这种辨别物体立体位置的视力也可以叫做深度觉。

（5）视距

视距是指人在操作系统中正常的观察距离。视觉一般应根据观察目标的大小和形状以及工作要求来确定。一般操作的视距范围在38~76cm之间，视距过远或过近都会影响认读的速度和准确性。

（6）对比度

物体与背景有一定的对比度时，人眼才能看清物体的形状，这种对比可以是颜色对比也可以是亮度对比。人眼刚刚能辨别到物体时，背景与物体之间的最小亮度差成为临界亮度差。临界亮度差与背景亮度之比称为临界对比，临界对比的倒数称为对比感度。

（7）适应

人眼睛随视觉环境中光刺激变化而感受性发生变化的相顺延性称为视觉适应。人眼虽然具有适应性的特点，但当视野内明暗急剧变化时，眼睛却不能很好地适应，还会引起视力下降。这种适应分为明适应和暗适应。前者是指人从明亮环境走入暗环境，而后者是指从暗环境走入明亮环境。

2）视觉的特点

（1）眼睛沿水平方向运动比沿垂直方向运动快而且不易疲劳。一

图 2-12
生活中的各种仪表（1）

般先看见水平方向的物体，后看到垂直方向的物体。很多仪表设计成横向长方形（图 2-12）。

（2）视线的变化习惯从左到右、从上到下和顺时针方向的运动。仪表刻度方向的设计需要考虑（图 2-13）。

（3）人眼对水平方向尺寸和比例的估计比对垂直方向尺寸和比例的估计要准确得多。水平式仪表误差率低（图 2-14）。

（4）当眼睛偏离视中心时，在偏离距离相等的情况下，人眼对左上限的观察最优，依次为右上限、左下限，而右下限最差。

（5）两眼运动总是协调的、同步的，在正常情况下不能一只眼睛转动而另一只眼睛不动；在一般操作中，不可能一只眼睛视物一只眼睛不视物。因此，通常以双眼视野为设计依据。

（6）人眼对直线轮廓比对曲线轮廓更易于接受。

（7）颜色对比与人眼的辨色能力有一定的关系，易辨认的顺序依次为红、绿、黄、白。两种颜色易辨认的顺序是黄底黑字、黑底白字、蓝底白字、白底黑字等。

3）视觉在设计中的意义

视觉是人类五感发育过程中最后完成的，也是最复杂、最高等的

图 2-13　生活中的各种仪表（2）

图 2-14　汽车中的仪表盘

人机工程与创新

感觉。人类对于物品的认知多数来自视觉，而且视觉往往能唤起人们对听觉、触觉、嗅觉、味觉的回忆，因此也是设计中最常获得重视的部分。

（1）视觉引起听觉感受

Apple Store 对新上市的 iPod Hi-Fi 的视觉宣传，通过震碎玻璃的视觉效果唤起人们在听觉上对于 Hi-Fi 的感受记忆（图2-15）。

（2）视觉引起触觉感受

德国的 HANSACANYON 水龙头（图2-16），装有一个温度传感器和发光装置，不同的温度就有不同的颜色，通过视觉引发人触觉上对于水温的感受回忆。

（3）视觉引起嗅觉感受

通过香烟、洋葱等食用后口腔残留具有难闻气味的图片，激起人们对于难闻气味的嗅觉感受回忆（图2-17），再通过这种不良的嗅觉感受刺激对口香糖的需求。

图2-15
Apple Store 的广告

图2-16（左）
HANSACANYON 水龙头
图2-17（右）
Winter fresh 口香糖广告

图 2-18（左）
iriver MP3 广告
图 2-19（右）
叶形肥皂

（4）视觉引起味觉感受

通过 iriver MP3 与食物的比较，唤起人们对味觉感受的美好记忆，从而引起人们对产品的美好印象（图 2-18）。

（5）视觉的传达

视觉是通过色彩、形态、材质等各方面共同传达给人们，从而触动人们的其他感官感受（图 2-19）。

2. 听觉

听觉是仅次于视觉的重要感觉，它的适宜刺激是声音，而声音的声源是振动的物体，产生的波叫声波，一定频率的声波作用于人耳就产生了声音的感觉。

声音的声压必须超过某一最小值才能使人产生声觉。所以，能引起有声音感觉的最小声压称为听阈，人耳最佳的可听频率范围是 500~6000Hz，处于接受语言和音乐频率范围的中段。人类的可听范围在 20~20000Hz 之间，在高频区域，随着年龄的增长，听觉逐渐下降。

1）听觉的特点

（1）频率响应

可听声主要取决于声音的频率，听觉正常的青年人能够觉察到频率的范围大约是 16~20000Hz，一般人是 20~20000Hz。听觉的频率响应特性对听觉传示装置的设计是很重要的。

（2）动态范围

可听声取决于声音的频率，也取决于声音的强度。这个范围又由听阈、痛阈和听觉区域这三个参数组成（图 2-20）。在 800~1500Hz 范围内，听阈无明显变化；低于 800Hz，可听响度随着频率降低而明显减小；在 300~4000Hz 之间达到最大的听觉灵敏度，而超过 6000Hz 时，灵敏度再次下降。

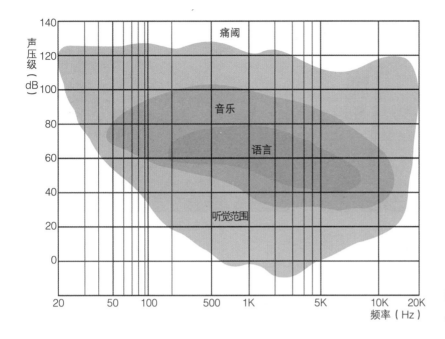

图 2-20
人的听觉范围

（3）方向感

人耳的听觉本领，大部分涉及所谓的"双耳效应"，或称"立体声效应"，这是正常的双耳听闻所具有的特性。当通常的听闻声压级为50~70dB 时，这种效应基本上取决于时差和头部遮蔽效应这两个条件。

（4）遮蔽效应

一个声音被另一个声音掩盖的现象称为遮蔽。一个声音的听阈因另一个声音的遮蔽作用而提高的效应，称为遮蔽效应。

（5）声音的记忆和联想

当人们听到警车或救护车发出的警笛声、船舶发出的汽笛声后，再从电声系统中听到这些声音，就会使人记忆起实际的情景而产生震惊或干扰。这种干扰并不取决于电声系统的声强，而是声音的记忆所产生的作用。

2）听觉在设计中的意义

与视觉相比，声音给人交流沟通的氛围、不寂寞的感觉。

（1）可以唤起人们对其他事物的记忆。如之前提到的警车或救护车声，以及听到的歌声等联想到的回忆内容。

（2）通过音质可以判断环境或人造物的品质。不同定位的交通工具的关门声不同，一听便可区分（图 2-21、图 2-22）。汽车的马达声也是如此。

（3）在按键等界面设计中，听到声音有确认的效果，好像得到一种肯定。尤其是电子产品的按键音，如电话的按键声音（图 2-23）与按鼠标的声音（图 2-24）。

图 2-21 不同的车门开关的声音（1）

图 2-22 不同的车门开关的声音（2）

图 2-23
各种设备的按键回馈音
（1）——电话的按键声音

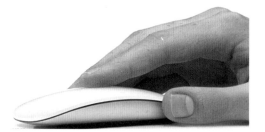

图 2-24
各种设备的按键回馈音（2）——按鼠标的
声音

图 2-25
阿莱西的自鸣式开水壶

　　（4）声音可以承载提醒等功能，比如一些水壶的设计（图 2-25），也可以承载警告阻止等功能。

　　3. 触觉

　　皮肤的感觉即为触觉，皮肤能感应机械刺激、化学刺激、电击、温度和压力等。

　　触觉感受器能引起的感觉是非常准确的。触觉的生理意义是辨别物体的大小、形状、硬度、光滑程度以及表面肌理等性质的触感。在人机操作系统设计中，就是利用人的触觉特性，设计具有各种不同触感的操纵装置，使操作者能够触觉准确地控制各种不同功能的操纵装置。

　　痛觉、压力感、温感、冷感，它们是由皮肤上遍布的感觉点来感受的。感觉点的分布是不均匀的，压点约 50 万个，广泛分布于全身，疏密不同，舌尖、指尖、口唇处最密，头部、背部最少；痛点约有 200 万 ~400 万个，其中角膜最多；冷点 12~15 个 /cm^2，温点 2~3 个 /cm^2，在面部较多。由于感觉点的分布疏密不同，人体触觉的敏感程度在身体的各个部分是不同的，舌尖和指尖最敏感，背部和后脚跟最迟钝。指尖的敏感是由于细小的指纹对细小的物体敏感，汗毛也是同样的道理。

图 2-26　笔记本电脑的触控板

图 2-27　盲文的使用

图 2-28　原研哉的日本梅田
医院 VI 设计

痛觉是最普遍分布全身的感觉，各种刺激都可以造成痛觉。

温度感觉：一般 10~30℃刺激冷点，10℃以下刺激冷点和痛点，35~45℃刺激温点，46~50℃刺激冷温点，50℃以上刺激冷点、温点和痛点而产生痛感。

我们的皮肤对外界的刺激相当敏感，仿佛一道屏障抵御着外面的世界，与此同时它也从外界收集很多必要的信息。

触觉在设计中的意义：

（1）触压感觉帮助我们定位空间位置，如笔记本电脑的触控板的原理（图 2-26）。

（2）皮肤的神经末梢分布于全身不同的部位，尽管触觉是感觉中最重要的，但触觉特别依赖于心理、情绪。

（3）触摸帮助困难人群辨别，比如说盲文（图 2-27）。

（4）探索相应的触觉感受以适应新的环境需求，创造适合人群心理环境的设计，日本设计大师原研哉为日本梅田医院所设计的 VI 系统（图 2-28），就充分考虑到病人的关怀需求，而采取非常亲切的造型与色彩形象。

2.2.2　心理测定计量

1. 心理现象

心理现象是心理活动的表现形式，就是指人在生活中、工作中、学习中的感觉、记忆、思维、想象、情感等方面的各种表现的形式与特征，心理活动是我们直接接触、存在于我们每个人大脑之中，又各不相同的一种体验。心理现象的表现形式多种多样，它主要指人在感觉、认知、记忆、思维、情感、意志、性格、意识倾向等方面的表现形式和特征，主要包括心理过程和个性心理两个方面。

1）心理活动过程（包括人的认识过程、情感过程、意志过程）

（1）认知过程

是指人在认识客观事物活动中表现出的各种心理现象，包括感觉、认知、记忆、思维等阶段，都是人脑所产生的对客观事物某属性的特定反应。把类似属性的事物集合成整体叫做认知，是一种最本能的思维反应，比如吃糖，就会觉得甜。把所认知事物的影像在脑中再现，叫做记忆，比如想到糖，记忆就告诉我们是甜的。对多样化的事物进行分析、对比、思考，就是思维。通过思维，就能把客观事物的表现进行整理、归纳、研究、分析，从而创造与发展出各种规律，进行定义，也就指导了人类从古至今的发展活动，形成现在的人类文明。

（2）情感过程

人是有感情的动物，所以，人在对各种客观事物的认识过程中，会用自己的态度去进行自我的体验评价，会产生喜怒哀乐等情感，爱一种事物，追求一种事物，享受一种事物，讨厌一种事物，都是一种人对于客观事物的情感过程。

（3）意志过程

在情感的驱使之下，对某种事物进行追求、争取，从而得到或者达到某种事物与目标的心理过程就是意志过程。意志过程是人类对世界进行改造的重要心理过程，在背后推动着人类文明的进步以及科技的发展等。这个过程充满着各种困难艰险，所以意志也就更需要坚定。

2）个性心理

个性心理是指人在社会生活实践中形成的相对稳定的综合性特征心理现象的总和，包括个性心理特征和个性心理倾向两方面。

个性心理特征指的是个人身上经常表现出来的稳定的心理特征，它集中反映了人的心理活动的独特性，包括能力、气质和性格。性格是个性心理特征中的核心，它反映一个人的基本精神面貌。

个性心理倾向是指关于人的行为活动动力方面的各种心理特征，包括需要、动机、兴趣、理想、信念、世界观、自我意识等。个性心理倾向决定着人的态度以及人对认识和活动对象的趋向和选择，是个性结构中最活跃的因素，也是人个人自身发展的一种方向，它制约着所有的心理活动，表现出个性的积极性和个性的社会实质。

正因为心理现象存在于每个人的个体大脑之中，所以每个人相对应的反应与个体的行动会有所不同，我们越了解人的心理特点，就越能了解各种不同的人的心理诉求，从而寻找出共性，并且满足个性。所以从某种程度上来说，心理学还不能完全以一种数据化的形式来衡量心理感觉，形成一种数据化参考。人机工程做研究的心理部分即是人在与产品产生使用与被使用关系时，人的心理反应，是一种主观对客观的感觉，从而作出反应，然后对各种反应进行归类与比较。在工业设计中的设计心理学与用户体验研究就是基于人机工程的心理研究基础而衍生出来的专业方向。

2. 心理和行为

人机工程学研究的是人与机器之间，也就是人与产品之间，产生的各种关系的过程中所需要考虑的因素，使得产品在不失去固有的功能的前提下能更好地为人服务，为人所用。那么，这个互动的过程就需要人的行为来进行。行为的产生不是一种无意识的活动，而是由人的心理来影响操控的，而行为的产生也会进一步影响到人的心理，人的任何行为都是发自内部的心理活动的，所以人的行为是心理活动的外在表现，是活动空间的状态推移。所以，研究心理就会联系到行为，它们是互相联系的。心理和行为主要表现为注意力、记忆力、想象力。

1）注意力

注意力是与人的认识、情感、意志等心理活动相依附而存在的一种心理现象的表现形式，是指心理活动对一定对象的指向和集中。注意力是心理活动中人与外界事物互动中的重要特性表现，但不是一种独立的心理过程。当个人对某一事物产生注意力时，大脑两半球内的有关部分就会形成最优越的兴奋中心，同时这种最优越的兴奋中心会对周围的其他部分发生负诱导的作用，对于这种事物就会具有高度的意识性，从而对该事物产生清晰、完整和深刻的反应，这个是注意力产生的过程。我们在日常生活中都有着各种环境需要我们利用注意力，我们的工作中、学习过程中、驾驶过程中等都需要用注意力来维持。

注意力具有选择、维持、调节和监督功能。选择功能使人的心理活动指向于与自身有关的对象，从而避开无关的对象，进而使大脑获得需要的信息，保证大脑进行正常的信息加工。注意力的维持功能将心理活动始终维持在一定的对象上，不会分散，并保持一定的强度。注意力的调节和监督功能表现为以意志排除来自内外部的干扰，使人所从事的各项活动能朝着自己预定的目标和方向进行。

注意力是有限的，被注意的事物也有一定的范围，这就是注意的广度。广度也称注意的范围，它是指人在同一时间内，意识所能注意到的对象的数量。用速示器测定人的视觉的注意广度为：0.1s内成年人一般能认清8~9个黑色团点，4~6个无意义联系的外文字母，3~4个几何图形或无意义联系的汉字。

随着注意对象的特点、注意任务的难易以及知识经验多少的不同，注意的广度也有所变化。一般认为，注意对象越集中、排列越有规律、相互间的联系越趋向于整体或有意义，注意的广度就越大，反之则越小。另外，知觉任务难度小，注意广度相对大些；人的知识经验越丰富，注意广度也越大些，即随着知识经验的积累，注意范围有所扩大。但是，注意广度的扩大是相对的，也是有限的。当注意力越集中在有规律的事物之上时，相对的记忆也就越弱。注意力除了本身的广度以外，对事物的注意力也具有相对的稳定性。

注意力的稳定性也称为注意的持久性，是指注意在同一对象或活动上所保持时间的长短。衡量注意力稳定性的标准，除了时间，还有此时间内的活动效率。

注意力的稳定性有狭义与广义之分。狭义的稳定性是指注意力集中在某一事物上所维持的时间，如长时间看电视、读一本书等。但人在注意同一事物时，很难长时间地对注意对象保持固定不变。广义的稳定性是指注意力在某项活动上保持的时间。在广义的稳定性中，注意的具体对象可以不断变化，但注意力指向的活动的总方向始终不变。例如，学生在听课的时候，跟随教师的教学活动，一会儿看黑板，一会儿记笔记，一会儿读课文，虽然注意的对象不断变换，但都服从于听课这一总任务。在许多学习和工作中，我们都强调广义的注意力的稳定性。

同注意力的稳定性相反的表现是注意力的分散。注意的分散，又称分心，是指在产生注意力过程中，由于其他无关刺激的干扰或者单调刺激的持续作用引起的偏离注意对象的状态。无关刺激的干扰容易引起无意注意，妨碍有意注意的活动；单调刺激的作用是指有意注意的活动如果千篇一律，毫无新意，会引起主体的疲劳和精神松懈，也会产生注意力分散。

当人根据当前活动的需要，有目的地、主动地把注意从一个对象转移到另一个对象上时就需要进行注意力的转移。是根据任务需要，有目的地、主动地转换注意对象，为的是提高活动效率，保证活动的顺利完成。良好的注意转移表现在两种活动之间的转换时间短，活动过程的效率高。

良好的注意力是人们从事一切活动的必要条件和心理保证。在人机系统中，人的工作效率和操作安全，在很大程度上取决于人在作业过程中注意这一心理活动的状态。所以，对人注意力的考虑作为设计产品时的考量是很有必要的，是在设计中运用人机工程学的心理考量的重要体现。

2）记忆力

人们对自己曾经的经历、操作、使用的种种行为过程都会在脑子里留有印象，并且在需要时可以被自身唤起重现出来，这种过程就是记忆，而表现形式就是记忆力。记忆是过去的经验与经历在人脑中的反映。记忆是各种信息处理活动的基础，其他的心理活动基本上都是基于记忆内容而进行的，就好比计算机的硬盘，是一台计算机所有内容的所在，也就是记忆是人脑对外界刺激的信息储藏。记忆也是人们获取知识、积累经验、进行高级认识活动和发展个性心理特征的必要

图 2-29
各种图标标识

条件。记忆力包括记和忆的能力。记的能力体现在认识记住和保持这种记忆的能力（图 2-29）；忆的能力体现为再认识和回忆的能力。与设计关系最紧密的是形象记忆。

3）想象力

想象力是一种高级认知活动的外在表现，是人脑对已有表象进行认知加工改造而创新的过程的体现，是一种复杂的分析与综合活动。也是人类一直在使用以及发展的一种心理能力。

（1）想象按照有无意识分为无意想象和有意想象。

无意想象是指没有目的、不经意的想象，在一定刺激的影响下，不由自主地产生的想象，比如说梦，它是人在睡眠状态下的一种漫无目的、不由自主的奇异想象。按照巴甫洛夫的解释，梦是人在睡眠时，大脑皮层产生的一种弥漫性抑制，由于抑制发展不平衡，皮层的某些部位出现活跃状态，暂时神经联系以意想不到的方式重新组合而产生各种形象，就出现了梦。

有意想象是指根据特定的内容对象，比如文字或图形等的描述所进行的想象活动，是在一定的目的的驱使之下进行的有意识的自觉想象。有意想象又可分为再造想象、创造想象和幻想。

再造想象是指根据语言、文字的描述或图表、模型的示意，在头脑中形成相应形象的心理过程。比如我们看一本书所描述的场景，就会在脑海中对这些文字进行再加工，从而形成一幅相应的画卷。再造想象具有新颖、独立的特点。不同的人，具有不同的世界观、兴趣、爱好等，所以每个人对于同样的内容的再造想象是不一样的。

创造想象是指在头脑中构造出前所未有的内容，没有现实参考与内容，按照自己的构思在头脑中独立地创建某些新事物的过程。具有新颖、独立、奇特的特点。创造想象是一切创造性活动的必要组成部分。各种发明、设定等都是创造想象的结果，是促使人类进步的各种创造发明的源泉。

幻想是对未来的一种想象与憧憬，它包括人们根据自己的愿望对自己或其他事物的远景的想象。它是一种与主体愿望结合并指向未来事物的想象过程，是对未来的一种形象化的设想。

（2）想象是促使人的心理活动丰富和深化的重要因素；是促使人们创造性地进行各种实践活动的必要条件；想象有助于调节人的情感和意志活动。想象不限于对客观事物的反映，而是人的大脑会根据事物进行主观上的思考，是一种在已有事物基础上的再思考，发展出更加丰富的内容，为人所用，同时丰富了自身的心理活动。没有想象就没有对新事物的发展与尝试，正是有了想象，才会有越来越多的新事物产生。想象是一切发明创造的动力源泉。想象也会借助它特有的存在形式与思考活动来提供个人以不同的情绪活动。

想象对设计师而言尤其重要，设计师需要对已有事物进行思考与想象，从而创造新事物，改进旧事物；或者根据人的需求，结合旧事物进行想象而发明新事物。想象是设计师进行设计活动时心理上重要的活动。

2.3 人的行为选择与诉求

人存在于世界之中，本身是一个环境中的人，是自然形成的人，以肉体存在且有其特性，具有生命，富有感情，有各种心理活动，这就是人的自然属性。

而人存在于这个世界之中不是停步不前的，就需要各种活动来发展自身，同时存在并不是孤立的，是有其他的人一起存在并通过各种实践活动产生关系，构成社会。这种在实践活动的基础上人与人之间发生的各种关系就是人的社会属性。自然属性是人存在的基础，但人之所以为人，不在于人的自然性，而在于人的社会性。

无论是自然属性还是社会属性，人都以自己的存在而进行各种活动，同时随着自身的不断进步，人的需求也就越来越大，越来越高。

2.3.1 作为自然人的属性

作为自然人，我们有相同的属性，赋有生命。也根据不同标准，属于男性、女性、老人、儿童、健康人、残障人士等。我们有情感，有思想，有自己的个性。也就是我们存在于世界之中，有共同的属性，也各有自己的特点。而人在这种同中存异的属性之下所进行的行为也具有类似的特点。

从人类进化至今，最大的变革就是工具的使用，也就是从那时候开始，人类就一直与工具为伴，制造工具，使用工具，改进工具，从而不断制造出各种机器甚至武器，促使科技与文明进步。最开始工具只是粗糙的石头，材质坚硬，经过各种打磨以后可以抵御野兽、简单加工食材等，只能满足基本的生活要求。这就是人类发展中的石器时代。之后发现了金属铜，随着人类对世界与自我的不断认识进步，创造出了不同的冶炼加工铜的方法，制作成各种工具，不仅仅是基本工具，也有炊具、酒具等，渐渐开始改善人的生活。经过铜器时代，发展到了铁器时代，金属铁被更广泛地运用，更成为冷兵器，成为战争的武器。其后步入了机器时代，各种工具的集合，最终造就了人类文明的大步向前。在这其中，体现出来的就是人对工具的改进，通过人不断的诉求来改进工具，创造出更好的工具，这正是人机工程被提出来的大环境，觉得原来的工具效率太低就进行新材质、新制作方法的探寻，觉得原来的工具使用不舒适而创造了更好的，更好地为人使用。比如我们所使用的通信手段，最开始是语言的形成，语言成熟以后，就有了人与人互相之间联系的需求，从最早的航行时的旗语到摩斯密码，从信件到电报，然后是电话的发明，电话在经历一段时间的发展以后，人又有了随时随地沟通的需求，也就有了手机，有了电子邮箱，手机又正在根据人的进一步的通信、娱乐等需要在飞速发展。正是因为人类有了对自身的进一步了解，有不断的需求，才有了去探寻的脚步，才使得通信会有形式上与工具上的巨大变革。所以，是人的自身需求促进自身去改造自然，创造了各种机器，构建了这个世界的硬件条件。

美国著名心理学家马斯洛的"需求层次理论"（图2-30），从下至上分别是生理需要、安全需要、社会需要、尊重需要、自我实现需要。可以看出底层和其上一层都是在社会需要之下，也就是说生理需要和安全需要是属于自然人的自身诉求。而其中生理需要就是最基本的温

图2-30
马斯洛的人的心理需求
模型

饱问题，吃得饱、穿得暖等基本的生活条件需求，也是作为人最基本的生存条件；安全需要就是人在满足生理需要的基础上，在适应环境以及改变环境中对工具、对环境的要求，产生了相应的行为，来保证自己的安全，力求自己能更好地、更舒适地去工作、学习与生活。

无论是生理需要还是安全需要，都是与人机工程息息相关的，其中涉及许多疲劳与舒适的问题，一件产品考虑到人的使用情况，就会影响到工具使用的情况。安全舒适是许许多多产品都在强调的问题，可见作为自然人的人，其基本诉求就是安全与舒适，尤其对于产品设计而言。

2.3.2 作为社会人的属性

由上文的马斯洛的"需求层次理论"上看到在满足生理需要和安全需要之后，更高级的就是社会需要，也就是从这层开始人的需求就不再以个人的属性而存在，是自然人与自然人的关系的组合，这就是社会。人在社会中去发现更多的需求以及采取各种行为从而满足自己的需求，融入社会之中，通过社会的关系使得自己的存在更有意义，从而达到满足。社会需要之上就是尊重需要，尊重他人的同时也渴望被他人、被社会尊重，而尊重的需要也可以从我们设计的角度去满足。

我们要尊重人，就要尊重人的行为，通过对与人产生关系的产品的人性化设计从而达到尊重人的目的。比如我们日常中生活常用的鼠标与键盘，作为 20 世纪最伟大发明的电脑，从最早的键盘操作到之后的鼠标的发明，是一个质的飞跃（图 2-31），伴随着视窗（Windows）系统的出现，计算机更加个人化，键盘作为计算机最早的操作界面，具有一定的机械结构，它的倾斜角度与键盘的布局是经过长期对人的行为观察以及用户反馈而总结出来的，甚至现在都在不断改进（图 2-32）。从整体的角度到左右部分的角度构成以及底部托盘的使用，都在考虑人的双手在操作键盘时的操作范围，在研究人的手指与手腕的舒适角度，疲劳与使用时间的关系等基础上来进行改良。同样，鼠标

图 2-31
鼠标的演变

图 2-32
键盘的演变

的出现，从最早的方方正正到现在的左右不对等的弧形，除了与键盘一样的改进之外，还考虑了左右手使用者的区别，使得习惯左手操作的人也能运用自如，这样就使得容易被忽略的人群同样有被尊重的感觉。尊重需要是人在社会中的重要需求之一，产生于人与人、人与社会之间，存在于人的社会活动的方方面面。

而在马斯洛"需求层次理论"中最顶层的是自我价值实现的需求。也就是说人在有了基本的生理与安全需要，在社会上满足了被尊重的需要之后，就会思考自己的价值，自己存在于社会中的价值，这种价值往往体现在对社会的贡献，如何更好地去为社会服务，给予社会回报，满足自身的价值实现，是一种最高层次的精神需求，并且涉及道德层面。为人民服务、回报社会，成了最高的理想与追求，往往是因为满足了自身之前的几种需要之后，有能力去帮助他人来实现这些需要中的一个或者几个，也是优质社会的体现，是人与社会关系中的综合体现。而人机工程学从广义上来说就是通过对人生理、心理等方面的研究去帮助人实现各种价值。

除了精神需求，人还有物质需求，一般情况下人需要先满足物质需求然后会对精神产生需求。而这种需求放置于社会这个环境之中就会有一种比较复杂的关系，因为人的属性具有自然人与社会人两种，而物质需求与精神需求是贯穿其中的，作为自然人与社会人都具有物质和精神的需求，而社会属性的人就有社会化的需求，融入社会，了解社会，服务社会，与社会产生关系；作为自然人有个体化的需求，自身需求的满足，自我价值的体现。在这个从物质到精神的需求改变的层次上，自然人与社会人会有不同的体现。这也是人机工程学的研究框架，从物质到精神的需求，人在最初就是需要了解自身，从生理上与心理上进行自身的研究，了解自身的各种生理结构以及心理需求，这样才能更好地为自身的进步有一个理论基础。然后是人在社会化以后的生活层面，涉及自己的生活以及社会生活，从自己的温饱问题到生存环境的问题。而更高级的关系就是社会与文化，不同的社会就有

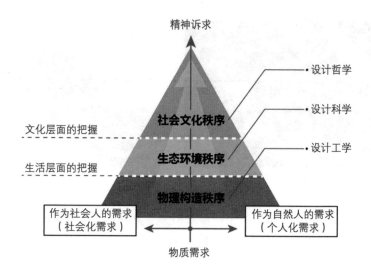

图 2-33
人的需求与社会关系

不同的文化，文化产生于生活，以及这个社会中人对万事万物的理解，从而形成一个社会特有的外在表现，有可见的，也有无形的。总结起来就如图 2-33 所示。

2.4 人的群体分类与差异

人存在于自然界中，受到各种因素的影响，比如生活环境、饮食结构、种族基因等，就会呈现出各种不同的人体尺寸差异，所以个人与个人之间，群体与群体之间，在人体尺寸上存在很多差异，只有了解与掌握这些差异，才能明白各个人群之间的人体尺寸，进一步指导人机交互需求，指导设计。

人群就是指以一种或者几种指标为参数，把人分为不同的群体，这个群体具有某方面的共性，也就能代表其中一种共有的特点，在人机工程学的研究中，按年龄、按性别以及按健康与残障的标准来进行划分的人群具有典型性与代表意义。

2.4.1 年龄差异

年龄是人最基本的属性之一，年龄造成的差异也应注意，体形随着年龄变化最为明显的时期是青少年期。

有关年龄差异的两个重要问题是关于未成年人和老年人，未成年人的问题是他们处于年龄与身体尺寸的快速变化期，对尺寸比较敏感。列出儿童的身体尺寸，是因为这些数值与住宅、学校、娱乐和运动都有关系。历来关于儿童的人体尺寸的资料是很少的，而这些资料对于设计儿童用具、设计幼儿园、学校是非常重要的。考虑到安全和舒适的因素则更是如此。儿童意外伤亡与设计不当有很大的关系。例如，据说只要头部能钻过的间隔，身体就可以过去，猫、狗是如此，儿童的头部比较大，所以也是如此。按此考虑，栏杆的间距应必须阻止儿童的头部钻过。

此后，人体尺寸随年龄的增加而缩减，而体重、宽度及身长的尺寸却随年龄的增长而增加（图2-34）。一般来说，青年人比老年人的身高要高一些，老年人比青年人的体重大一些。所以，在设计过程中要考虑使用者的人群范围，从而作出适合这个人群的设计。

随着人类社会生活条件的改善，以及医疗科技的迅速发展，人的平均寿命正在增加，导致现在世界上进入人口老龄化的国家越来越多，如美国的65岁以上的人口有2000万人，接近总人口的1/10，而且每年都在增加，图2-35所示是中国的人口年龄金字塔。可以看出我国人口的年龄分布层正在以三角形的形状向矩形转变，也就是各个年龄层的人口越来越趋于相同。

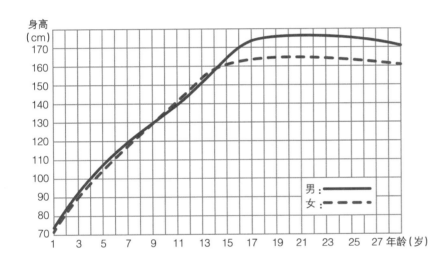

图 2-34
男女身高与年龄的关系

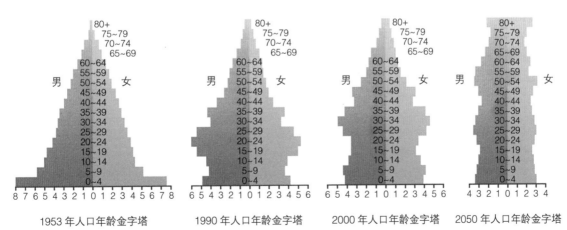

1953 年人口年龄金字塔　　1990 年人口年龄金字塔　　2000 年人口年龄金字塔　　2050 年人口年龄金字塔

图2-35　我国人口年龄分布变化图

所以，在设计中涉及老年人的各种问题不能不引起我们的重视。应针对老年人的功能尺寸进行研究，做到尊重老年人的行为与习惯，开发适合老年人使用的产品。

无论男女，上了一定年纪以后身高均比年轻时矮；而身体的围度却会比一般的成年人大，所以需要更宽松的空间范围；由于肌肉力量的退化，伸手触及东西的能力不如年轻人。因此，手脚所能触及的空间范围要小于一般成年人（图 2-36）。

家庭用具的设计，首先应当考虑到老年人的要求。因为家庭用具一般不必讲究工作效率，而首先需要考虑的是使用方便，方便对于不同年龄层的人同样需要，更何况是老年人，符合了老年人使用方便，从很大程度上也会符合年轻人的使用便捷性。所以家庭用具，尤其是厨房用具、柜橱和卫生设备的设计，照顾老年人的使用是很重要的。在家庭中，从对用具的使用频繁性以及本身肌肉力量等生理特征上来说，老年妇女尤其值得关心，她们使用合适了，其他人使用时一般不致发生困难，反之，倘若只考虑年轻人使用方便、舒适，则老年妇女有时用起来会有相当大的困难（图 2-37）。

在视觉方面，随着年龄的增长，人的眼睛的聚焦速度会变慢，也就是眼睛的反应时间加倍，为了看清物体，40 岁人需要 20 岁人的 2 倍的光线，而 60 岁人则需要 5 或 6 倍的光线。而且，由于眼睛中的聚焦体变黄，人的辨色能力随着年龄增长而减弱。老年人经常会对绿色、蓝色和紫色分辨不清。所以，在设计产品的时候，重要的操作部分的颜色需要根据这一点进行考虑。老年人需要用放大镜看东西。

在听觉方面，随着年龄的增长，听不到高频的声音，需要戴助听

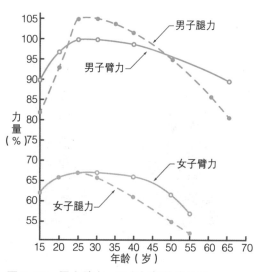

图 2-36　男女臂力、腿力与年龄的关系

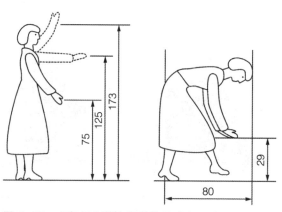

图 2-37　老年妇女基本劳动的尺寸（cm）

器后才能听到。

随着年龄的增长，嗅觉和味觉变得迟钝，老年人常会在用餐时加入很多盐、胡椒粉和香料。

同时，老年人的痛觉神经也相应减弱，在设计上需要给予更多的关怀。

2.4.2 性别差异

人们常说"男女有别"，也就是说男女两种性别在生理上有差异性，从生理结构到体能、力量，以及消费心理、认知心理等都存在差异。

从人机工程学来考虑，3~10岁这一年龄阶段男女的差别极小，同一数值对两性均适用。一般女性的身高比男子低10cm左右。在男性与女性之间，人体的尺寸、重量和比例关系都有明显的差异。对于人体尺寸参数，正常情况下男性都会比女性大些。男性、女性即使在身高相同的情况下，身体各部分的比例也是不同的。以人的整体比例来看，女性的手臂和腿较短，躯干和头占的比例较大，肩较窄，骨盆较宽，所以在设计中应注意这种差别。根据经验，在腿的长度起作用的地方，考虑妇女的尺寸非常重要。

1. 百分位的概念

人体尺寸不是某一确定的数值，而是分布于一定的范围内。如亚洲人的身高是151~188cm这个范围，而我们设计时只能用一个确定的数值，且并不能像我们一般理解的那样用平均值，如何确定使用哪一数值呢？这就是百分位的方法要解决的问题。

百分位表示具有某一人体尺寸和小于该尺寸的人占统计对象总人数的百分比。

大部分的人体测量数据是按百分位表达的，把研究对象分成100份，根据一些指定的人体尺寸项目（如身高），从最小到最大的顺序排列，再进行分段，每一段的截止点即为一个百分位：以身高为例：第5百分位的尺寸表示有5%的人身高等于或小于这个尺寸。换句话说就是有95%的人身高高于这个尺寸。第95百分位则表示有95%的人等于或小于这个尺寸，5%的人具有更高的身高。第50百分位为中点，表示把一组数平分成两组，较大的50%和较小的50%。第50百分位的数值可以说接近平均值，但决不能理解为有"平均人"这样的尺寸。

2. 我国成年人的男女人体结构尺寸对比（表2-1）

3. 女性的消费心理

在心理上，尤其是消费心理上，女性的特点尤为突出。市场销售中，应当充分重视女性消费者的重要性，挖掘女性消费市场。女性消费者一般具有以下消费心理。

年龄分组	男（18～60岁）							女（18～55岁）						
百分位数	1	5	10	50	90	95	99	1	5	10	50	90	95	99
身高（mm）	1543	1583	1604	1678	1754	1775	1814	1449	1484	1503	1570	1640	1659	1697
体重（kg）	44	48	50	59	70	75	83	39	42	44	52	63	66	74
上臂长	279	289	294	313	333	338	349	252	262	267	284	303	308	319
前臂长	206	216	220	237	253	258	268	185	193	198	213	229	234	242
大腿长	413	428	436	465	496	505	523	387	402	410	438	467	476	494
小腿长	324	338	344	369	396	403	419	300	313	319	344	370	376	390
眼高	1436	1474	1495	1568	1643	1664	1705	1337	1371	1388	1454	1522	1541	1579
肩高	1244	1281	1299	1367	1435	1455	1494	1166	1195	1211	1271	1333	1350	1385
肘高	925	954	968	1024	1079	1096	1128	873	899	913	960	1009	1023	1050
手功能高	656	680	693	741	787	801	828	630	650	662	704	746	757	778
会阴高	701	728	741	790	840	856	887	648	673	686	732	779	792	819
胫骨点高	394	409	417	444	472	481	498	363	377	384	410	437	444	459
坐高	836	858	870	908	947	958	979	789	809	819	891	891	901	920
坐姿颈椎点高	599	615	624	657	691	701	719	563	579	587	617	648	657	675
坐姿眼高	729	749	761	798	836	847	868	678	695	704	739	773	783	803
坐姿肩高	539	557	566	598	631	641	659	504	518	526	556	585	594	609
坐姿肘高	214	228	235	263	291	298	312	201	215	223	251	277	284	299
坐姿大腿厚	103	112	116	130	146	151	160	107	113	117	130	146	151	160
坐姿膝高	441	456	464	493	523	532	549	410	424	431	458	485	493	507
小腿加足高	372	383	389	413	439	448	463	331	342	350	382	339	405	417
坐深	407	421	429	457	486	494	510	388	401	408	433	461	469	485
臂膝距	499	515	524	554	585	595	613	481	495	502	529	561	570	587
坐姿下肢长	892	921	937	992	1046	1063	1096	826	851	865	912	960	975	1005

1）追求时髦

俗话说"爱美之心，人皆有之"，对于女性消费者来说，就更是如此，她们似乎天生就是爱美的。无论年纪大小，她们都愿意将自己打扮得美丽一些，充分展现自己的女性魅力。尽管不同年龄层次的女性具有不同的消费心理，但是她们在购买某种商品时，比如说服装、首饰等，首先想到的就是这种商品能否展现自己的美，提升自己的形象，使自己显得更加年轻和富有魅力。

2）追求美观

相对男性来说，女性更加感性，非常注重商品的外观，将外观与商品的质量、价格当成同样重要的因素来看待，因此在挑选商品时，她们会非常注重商品的色彩、式样。

3）感情强烈，喜欢从众

女性一般具有比较强烈的情感特征，这种心理特征表现在商品消费中，主要是用情感支配购买动机和购买行为。就是通常所说的感性消费，同时她们经常受到同伴的影响，喜欢购买和他人一样的东西。

2.4.3 健康与残障

按照人生理的健康与完全性，可以将人分为健康与残障。在当今世界，残疾人约占全世界总人口的1/10。所以，残疾人是一个相当重要的社会群体，需要设计师引起重视。当然，这十分之一是包括了所有的残疾类型，其中与人机工程学中的尺寸最相关的主要是与行动能力有关的残疾人，如肢体残疾。

健康人的基本生理结构与尺寸之前已经有很多的讲解，而残障人士作为一个特殊的群体，需要有特别的关注以及人体工程学研究。

1. 不能走动的残疾人（乘轮椅患者）

患者的类型不同，有四肢瘫痪或部分肢体瘫痪，程度也不一样，设计中要全面考虑这些因素，重要的是适当的手臂能够得到的距离、各种间距及其他一些尺寸，这要将人和轮椅一并考虑，因此对轮椅本身应具有基本的尺寸结构认识。但是这只是一个理想的状态，大多数乘轮椅的人活动时不能保持身体挺直，人体各部分也不是水平或垂直的，因此不能按能够保持正常姿态的普通人的坐姿来设想尺寸（图2-38~图2-40）。

2. 能走动的残疾人

对于能走动的残疾人，必须考虑他们行动的辅助工具，是使用拐杖、手杖、助步车、支架还是用狗帮助行走，这些东西是这些病人功能需要的一部分。所以，除了应知道一些人体基本的测量数据之外，还应把这些工具当做一个整体来考虑。

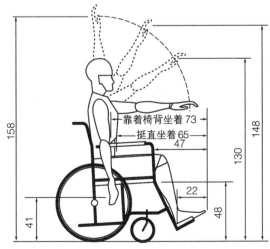

图2-38 轮椅与使用者侧面尺寸图（cm）

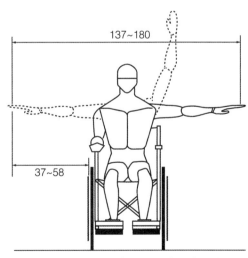

图2-39 轮椅与使用者正面尺寸图（cm）

图 2-40
轮椅的基本尺寸与活动空
间尺寸图（cm）

关于残疾人的设计问题，有一专门的学科进行研究，称为无障碍设计。就是使得产品的受众人群没有使用障碍，以及残障人士也能像普通人一样使用这件产品。

图 2-41 所示的是"Friend"导盲杖设计，导盲杖可自身站立，同时也能通过底部的小轮子给盲人一个路面起伏状况的反馈，还具有通过蓝牙进行通信求助等功能。

图 2-42 所示的是瓶盖设计，考虑到圆形瓶盖打开时困难，把瓶盖设计成下圆上方的形状，方便人手用力，更省力地打开瓶盖。

图 2-41
"Friend"导盲杖设计（作者：叶维蕾）

图 2-42
"easy open"瓶盖设计
（作者：刘潇鸣、谢严聪、周洲）

2.5 人的生物节律与个体差别

人类生活在世界之中，会受到自然与社会环境的各种因素的影响，使得人与人之间在各个方面的发展都会不尽相同。主要有两方面，一方面是个人的生物节律，也就是心智与体能的盛衰过程；另一方面是人与人之间差别存在的因素。

2.5.1 心智与体能的盛衰

1. 生物节律概述

我们每天的生活，具有节奏与一定的规律，我们的生活都按着这种节律在进行着，称为人体生物节律。然而，科学技术的进步，促进了人对自身的认知，然后在人的生物节律中寻找出一种人的心智与体能盛衰的变化规律。生物节律目录是生命现象中的节律性变化。在生命过程中，从分子、细胞到机体、群体各个层次上都有明显的时间周期现象。广泛存在的节律使生物能更好地适应外界环境。

人体生物节律包括体力节律、情绪节律和智力节律。由于它具有准确的时间性，因此，也称之为人体生物钟。在我们日常生活中，有人会觉得自己的体力、情绪或智力一时很好，一时又很坏，人从他诞生之日起，直至生命终结，其自身的体力、情绪和智力都存在着由强至弱、由弱至强的周期性起伏变化。产生这种现象的原因正是生物体内存在着生物钟，它自动地调节和控制着人的行为和活动。它来源于对其周围环境四个时程序的适应过程，那就是白天、四季、月相、潮汐。研究表明，人从出生之日起，其生物时钟就开始启动并受大自然、太阳和月亮（引力、潮汐涨落）的影响，使人的器官、思想、感情的运转都有着严格的时间节拍。所以，人从生出之日起，其生物时钟就在体内滴答作响，并按照三个一成不变的固定模式循环：人的体力循环周期为 23 天，情绪循环周期为 28 天，智力循环周期为 33 天。这三个近似月周期的循环，统称为生物节律，在每一周期内有高潮期、低潮期、临界日和临界期（表 2-2）。

人体内的基本生物时钟：

2 点：汽车司机视力最差，被称为失明时间；

4 点至 5 点：血压最弱，被称为疲乏时间；

8 点：性激素分泌得最多，被称为爱情时间；

9 点：皮肤对注射反应最迟钝，被称为就医时间；

9 点至 10 点：握手最有力，被称为接触时间；

10 点至 12 点：头脑最活跃，被称为富有创造性时间；

13 点：胃酸形成最多，尽管不吃任何东西，被称为消化时间；

人体生物节律周期表 表2-2

—	生物节律高潮期	生物节律临界日	生物节律低潮期
体力节律	体力充沛，身体灵活，动作敏捷，耐力和爆发力强，充满活力	抵抗力低，免疫功能差，身体软弱无力，极易疲劳。易受外来各种不良因素的侵袭。有时表现的动作失常	身体乏力、懒散，耐力和爆发力较差，劳动时常感到力不从心，易疲劳
情绪节律	心情愉快，舒畅乐观，精力充沛，意志坚强，办事有信心，创造力、艺术感染力强	情绪不稳定，烦躁易怒，心绪不宁，精力特别易集中。精神恍惚，工作易出差错，最易出交通、航空飞行和工伤事故	情绪低落，精神不振，意志比较消沉。做事缺乏勇气，信心不足，注意力易分散，常感到烦躁不安或心绪不宁，此时也容易出工作差错和事故
智力节律	头脑灵活，思维敏捷，思路清晰，记忆力强，精力和注意力集中。善于综合分析，判断准确，逻辑思维性强，工作效率和质量高	判断力差、健忘、注意力涣散，严重者头脑发晕发胀，丢三忘四，工作中极易出差错和失误	思维显得迟钝，记忆力较弱。理解和构思联想比较缓慢，逻辑思维能力较弱，注意力不易集中，判断力往往降低，缺乏直觉，工作效率不高

16点至18点：头发和指甲生长最快，被称为生长时间；

16点至18点：肺呼吸最活跃，被称为健康时间；

17点至19点：味觉、听觉和嗅觉最敏感，被称为感觉时间；

18点至20点：皮肤对化妆高效物质的渗透性最强，被称为美容时间；

18点至20点：肝脏分解酒精能力最强，被称为饮酒时间；

20点至22点：孤独感最难忍耐，被称为夫妻时间；

22点：对传染病警觉最高，被称为免疫时间；

24点至4点：婴儿出生最多，被称为分娩时间。

2. 生物节律的计算方法

以阳历为准，算出周岁天数（365×周岁数），闰年比平年多的天数（四年一闰，闰年2月份多一天，因此闰年天数为：周岁数/4，取整）和周岁生日距计算的天数，取三者之和，再分别除以三个周期天数，其余数便是周期中的节律位置（图2-43）。

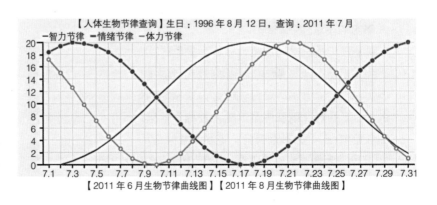

图2-43
通过相关网站按照生日信息直接计算出来需要查询的月份的节律值

2.5.2　个体差别的要因

个体差别就是指人与人之间生理上、心理上的不同之处，表现在一些最基本的生理数据上，如身高、体重、力量以及个性等。在成长过程中受遗传和环境的交互影响，个体在身心特征上显示出彼此各不相同的现象。个体差别主要表现在人的一些基本能力上，主要表现在以下四个方面。

1. 发展水平的差异

能力有高低的差异。大致说来，能力在全人口中的表现为正态分布：两头小，中间大。以智力为例，智力的高度发展叫智力超常或天才；智力发展低于一般人的水平叫智力低下或智力落后；中间分成不同的层次。

2. 表现早晚的差异

人的能力的充分发挥有早有晚。有些人的能力表现较早，年轻时就显露出卓越的才华。这种情况古今中外，各国都有。在音乐、绘画、艺术领域，这种情况尤为常见。另一种情况，智力的充分发展在较晚的年龄才表现出来。这些人在年轻时并未显示出众的能力，但到中年才崭露头角，表现出惊人的才智。这种情况在科学和政治生活舞台上屡见不鲜。可见，并不是取得重大成就的人，智力都是早熟的。从某种意义上来说是和所从事的专业领域相关，艺术等属于感性方面的研究领域，而科学则是注重理性思考的研究内容，也就是人的智力发展的潜能是可以随着时间而增加的。

3. 结构的差异

能力有各种各样的成分，它们可以按不同的方式结合起来。由于能力的不同结合，构成了结构上的差异。有人长于想象，有人长于记忆，有人长于思维等。不同能力的结合，也使人们互相区别开来。做工业设计往往需要一个团队的组合，而团队内部不同成员的不同能力，有的适合发散性思维，有的适合方案的细节思考等，就能进行互相配合，形成强大的团队。

4. 性别的差异

20 世纪 30 年代的许多研究发现，男女在一般智力因素上没有性别差异。20 世纪 40 年代，韦氏智力量表问世，使智力测验不仅能考察一般智力因素，还能测查特殊智力因素。性别差异并未表现在一般智力因素上，而是反映在特殊智力因素中。

造成个体差异的原因有许多，而主要是以下几方面。

首先是先天因素。生理上除了基本的外在特征以外，人先天的健康状况也是不同的，因为先天遗传健康条件的不同，有的人相对另外

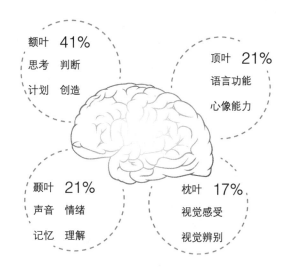

額叶 41%
思考　判断
计划　创造

顶叶 21%
语言功能
心像能力

颞叶 21%
声音　情绪
记忆　理解

枕叶 17%
视觉感受
视觉辨别

图 2-44
大脑功能

一些人来说要健康；有些人有先天遗传上的疾病，如：心脏病、气喘、过敏体质、视听觉障碍。而除了生理，智力的发展也是重要因素。人类的大脑分为四个区：额叶、顶叶、颞叶和枕叶（图 2-44）。由于大脑各叶优越顺序的差异，使得每个人处理事物的方式有所不同，兴趣不同，能力不同。

其次，先天的气质也关系着一个人的行为发展及人格特质的形成，更影响到他的学业、人际关系与社会成就。

第三，来自后天的因素。

社会环境的影响：社交以及人际关系，不同的社交环境能影响人的心理发展。

家庭环境的影响：人的成长离不开父母与家庭，家庭环境也会影响人的发展。

工作环境的影响：步入社会就会有工作环境，与社会环境不同的是，工作环境中他人的各种属性是与自己最接近的，处于一个环境之中的人更会寻求不同的发展。

2.6　人的健康保护与刺激耐受极限

随着科学与社会的进步，人对生存的渴望越来越强烈，所以健康成为当今社会的重要问题，因此在工业设计中，产品的易用性以及安全性就更加受人关注，这就需要考虑到影响人的各种因素（图 2-45）。

2.6.1　安全、舒适的要素与条件

安全与舒适是人机工程学中人对产品最基本的一个要求，要满足这个需求，就要从产品与人的相互关系中的生理与心理要素去考虑。

环境
海拔高度
气压
热度
寒冷
大气污染
噪声

训练
适应性

心理因素
工作态度
工作动机

身体素质
年龄与性别
人体尺寸
健康程度

工作性质
强度
持续时间
技术
位置
节奏
进度

图 2-45
影响人体能的因素

　　生理要素是人的要素之一，而体现在产品上是产品界面的设计，是与人互动的重要部分，也就是说界面的设计必须适合人使用，符合人使用产品时的生理以及心理要素。要设计出符合这个特点的产品就要求了解人机工程学的基本的安全舒适尺寸。与尺寸相关的，就是使用产品的大尺寸要求，就是空间，以及小尺寸要求，就是角度。比如我们设计鼠标，那么考虑的就是人在使用鼠标时的情景状态，包括使用鼠标的手肘部前臂部分操作鼠标的移动路径，以及手腕与手指在操作鼠标时操作动作的角度。然后，通过产品设计方法进行方案设计，充分运用人机工程学知识对人操作鼠标时的舒适程度进行考虑，从而设计出人使用起来舒适的鼠标。本章前面的大部分与数据相关的内容，都是产品的安全与舒适的具体要素与条件。

　　而除了基本的生理要素，还要考虑心理要素。心理要素相对生理要素来说更具复杂性、个别性以及不可控性，从个人喜好上来说，对产品的心理要素每个人就会有每个人的特点。而对于产品的安全与舒适度来说心理要素就具有共同性。产品的色彩、造型语言等都会影响使用者的心理感受，比如说产品所使用的颜色是艳丽或者沉重，所采用的造型的线条是柔和或者锐利，都会使得用户的心里感觉安全或者危险，舒适或者难受。心理要素存在于使用产品之前、使用产品之中以及使用产品之后，是贯穿整个用户使用产品的整个过程的，从视觉上就能对心理产生影响，而生理要素的存在在涉及需要人操控的时候往往是以触觉体现的，也就是存在于使用产品之中以及使用产品之后。但在大多数情况下，产品的使用过程不是单一的，往往由生理要素与心理要素综合产生，是一个复杂的人机交互过程，所以我们更需要单独进行研究，从而能更好地把握综合效果。

我们以图2-46所示的一款电动工具为例：

从人看到这个电动工具开始，首先思考的是这个电动工具的功能，再从造型上进行考虑，结合自身相应的知识体系、认知程度以及生活经验判断出这个工具的功能，有了功能的判断就会有对实现这个功能的造型以及这件电动工具的安全和舒适程度进行比较而产生自己的心理判断。

从颜色上：

（1）黑色的类似橡胶一样的磨砂材质，适合握手，防止打滑；

（2）红色部分比较醒目，应该是具体操作用的按钮之类的；

（3）黄色的部分显得很显眼，有可能是这个品牌的特有色彩以及有警示、注意安全的作用，应该是机器的动力部分；

（4）银色的部分应该是金属材质，相对来说比较牢固以及沉重，应该是实现功能的部分，以及整个机器的重心；

（5）前面还有一小片的透明材料部分，应该是可以透过去看内部的，那里面就应该是机器的运转部分，可以看到具体的操作精度等，同时又能挡住加工材料的碎屑。

从造型以及线条上：

（1）黑色部分线条显得较为柔和，应该握起来比较舒服，是握手

图2-46
电动工具

人机工程与创新

的部分；

（2）红色的部分有弧线，应该是按钮、旋钮之类的；

（3）黄色部分中有条纹的地方类似排气孔，机器运转用的；

（4）银色部分线条比较硬朗，应该和运作有关，感觉很沉稳，应该有很好的重力作用，便于操作；

（5）透明的部分线条四四方方，三个面都能看到里面，可视角度很大，会方便观察切割的精确度。

然后同样的这件电动工具，从生理因素来看，也就是从使用过程中的触觉感受上来说，就能很好地验证之前心理要素上进行分析的正确与否，当心理要素与生理要素契合程度非常高的时候，那么这件产品在人机工程学上的安全与舒适度上就比较成功，不会让人使用起来有任何的疑惑或者操作障碍。能很好地使使用者有心理上的安全感，生理上的舒适感。

2.6.2 疲劳、负担的测定与计量

人在生产以及各种活动中，感觉体力不支，或者心理不舒适，需要休息的本能反应我们通常称之为疲劳。

疲劳在医学以及心理学上，也就是生理与心理上的定义也不尽相同。

在医学上的定义为：在劳动过程中，人体由于生理和心理状态的变化，会产生某一个或某些器官甚至整个机体过度运转的状况，表现为人体功能衰退和周身出现不适感觉。因此，疲劳是不能再继续进行相同活动的一种状态，它是人体活动过程中发生的一种自然性的防护反应。

心理学将疲劳定义为：由于高强度或长时间持续活动而导致工作能力减弱、工作效率降低、错误率增加的状态。

所以说疲劳是一种生理现象，也是一种心理现象。疲劳感是人对于疲劳所产生的自身主观体验，而在生产过程中作业效率下降是疲劳的直接客观反映。人的各种不同的作业，都会产生疲劳。

疲劳是身体劳动的结果，也是心理紧张的产物。劳动者在连续工作一段时间后，由于长时期的紧张的脑力或体力活动导致整个身体的机能降低。从生物学的理论上看，劳动是能量消耗的过程，这个过程持续到一定程度，中枢神经系统将产生抑制作用，导致中枢神经系统疲劳，继而引起反射运动神经系统的疲劳，表现为动作的灵敏性降低，作业效率下降。

疲劳分为生理疲劳和心理疲劳，生理疲劳和心理疲劳是相互联系、相互影响的。

1. 生理疲劳

生理疲劳是由于生理方面因素的变化所造成的疲劳。例如，长时间的徒步行走，剧烈的体育运动所引起的疲劳。

（1）体力疲劳是指在作业过程中，由于肌肉的长时间重复收缩而引起的疲劳。劳动者在劳运过程中随着工作负荷的不断积累，使劳动机能衰退，作业能力下降，且伴有疲倦感的自觉症状出现。例如，身体不适、头晕、头痛、注意力涣散、视觉不能追踪。这种感觉积累的结果，是在生理与心理机能上造成体力不支，神经紊乱，不仅会使作业效率下降，还会导致各种错误的作业结果，有些错误甚至是致命的，比如说司机疲劳驾驶时就会引发交通事故。

（2）精神疲劳也叫脑力疲劳，就是经常使用大脑思考，大脑神经活动处于抑制状态的现象。当长时间从事紧张的思维活动时，会引起头昏脑胀、失眠或贪睡、全身乏力、无精打采、心情烦躁、倦于工作等表象。

脑力疲劳与体力疲劳是相互作用的，因为人的肌肉神经也是与大脑相互联系的，各种肌肉的疲劳产生后就会传递给大脑，而增加大脑的负荷，因为极度的体力疲劳降低了直接参与工作的运动器官的效率，也就会影响大脑活动的工作效率；而过度的脑力劳动，会使精神不集中，思维紊乱，从而也会产生体力不支，影响感知速度及操作的准确性。

生理疲劳是降低工作效率的重要因素，在疲劳过程中，会发生一系列生理和心理反应，如注意力涣散，操作速度变慢，动作的协调性与灵活性降低，误差和损耗增多，事故频率升高等。

根据人体产生疲劳的部位不同，生理疲劳可分为体力疲劳和脑力疲劳。

2. 心理疲劳

心理疲劳是工作疲劳在心理方面的表现，是由于神经系统紧张程度过高或长时间从事单调厌烦的工作而引起的疲劳。其表现为感觉体力不支而行动吃力，注意力不易集中，思想紧张，思维迟缓，情绪低落，并同时伴有工作效率降低，导致错误率上升等现象。

心理疲劳的产生与工作特征和操作者个体因素均有关系。客观上，过高的心理负荷会造成操作者高度的心理应激，从而感觉无法承受劳动强度，而单调、乏味的长时间操作会引起操作者极度厌烦，产生厌倦甚至抵触情绪，这些都会诱发或加速操作者心理疲劳的产生。

3. 测定与计量

我们之前讲到，在人机工程学中，测量是衡量人体自身以及人机之间尺度关系的一个重要手段。除了尺度以外，在人机工程学中，人的各种指标也能通过各种手段进行衡量，包括生理上以及发展到现在的心理上的测量。所以，疲劳与负担也能借助一些仪器与设备进行衡量。主要分为普通的生理疲劳极限测定实验与借助精密的仪器的测定实验。

普通的生理疲劳极限测定实验是为了了解劳动过程中，劳动强度、人体能量消耗与生理反应的关系。通过实验熟悉测定劳动强度与疲劳的方法，以及了解劳动强度、能量消耗和劳动时间的分配关系与总体劳动效果的关系，了解模拟负荷的方法，学习测试手段的选择。

以疲劳极限实验的一种方法来举例说明实验过程，使用的仪器就是常用的跑步机与秒表。

实验步骤与规则：

（1）测试者静坐休息 5min 后，检查并记录安静期 1min 内的脉搏。

（2）由于男女之间的脉搏和能量代谢率存在较大差异，女子的能量代谢率比男子的能量代谢率低 15% 左右，但其脉搏则比男子的脉搏高 10% 左右。跑步机是根据测试者跑步的速度来划分等级的，测试者可根据自身的实际情况依据跑步速度划分 5~7 档，但男性和女性各档值不相同，女性要低一些。测试时，测试者的跑步速度要随时调整、保持在预先制定好的速度上，以达到一个理想的实验条件。

（3）每个测试者在每一档次运动 3min，完毕后休息 3min。

（4）每档次中每 1min 测定一次脉搏，总共测 3 次，并记录结果。

（5）每档次的第 3min 的心率数值相差不足 5 次时，则该测试者的实验可以结束。

（6）根据测试结果，用直角坐标绘制各负荷下的时间脉搏曲线图，探讨脉搏随负荷变化的规律。

（7）参考表 2-3，结合自己在测试中的情况，对自己的劳动能力作一个定性的描述和评价。

男女脉搏强度参考值　　　　　　　表 2-3

体力劳动强度分级	男子平均脉搏（跳 /min）	女子平均脉搏（跳 /min）
轻	< 92	< 96
中	92 ~ 105	92 ~ 109
较重	106 ~ 120	110 ~ 121
重	121 ~ 134	122 ~ 133
过重	135 ~ 149	134 ~ 145
极重	>150	>146

而借助精密仪器的测定实验，就需要专业的仪器进行测量（图 2-47），这里进行重点介绍的，也是在人机工程学领域的学习过程中最容易使用与借助进行研究的就是肌电测试法，也叫肌电图法，就是把

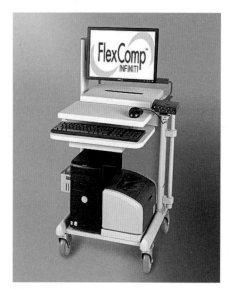

图 2-47
加拿大 TT 公司表面肌电
分析系统

人体活动时肌肉收缩的状态以电流图记录，从而定量地确定人体该项活动强度和负荷的方法。

表面肌电图（Surface Electromyography，SEMG），又称动态肌电图（Dynamic Electromyography，DEMG），是从肌肉表面通过电极引导、记录下来的神经肌肉系统活动时的生物电信号。它与肌肉的活动状态和功能状态之间存在着不同程度的关联性，因而能在一定程度上反映神经肌肉的活动。在高等院校人机工效学领域的肌肉工作的工效学分析等方面都能有重要作用。

表面肌电图的采集是用电极膏将表面电极贴于皮肤表面，通过测两极间的电势差来确定肌电值。优点是操作简便，而且无创，易为受测者接受，既可反映整块肌肉的肌电变化情况，又可在运动中采集。

实验过程与方法：

（1）测试前对受试者进行基本身体形态指标测量。

（2）受试者进行准备活动，时间的长短须根据环境温度、运动员的实际状态确定。

（3）每次实验之前，对肌电仪进行初始设置，设置量包括采样频率、采样时间、滤波指数等，设置各道信号的放大倍数，并根据测量信号的强度而定。

（4）确定电极安置点：表面电极所贴位置为所测肌肉肌腹部分最隆起处。

（5）处理皮肤：75％医用酒精擦拭电极安放的表面皮肤。

（6）安置表面电极：等到皮肤完全干燥，将电极固定在已经处理的皮肤上（图 2-48）。

（7）检查电信号：电极粘贴完后，必须逐个检查电极的粘贴牢靠性，被测肌肉电极是否正确地连接到相应通道（图 2-49）。

（8）参数设置，开始采样，测试结束，保存测试结果（图 2-50）。

通过肌电测试，能对测试者使用一件产品时实际使用过程中的肌

图 2-48（左）
肌电测试中的电极设置
图 2-49（右）
肌电测试测量使用者使用
产品的过程

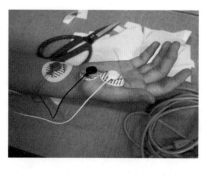
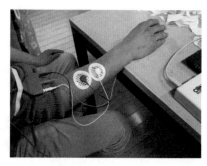

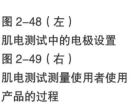

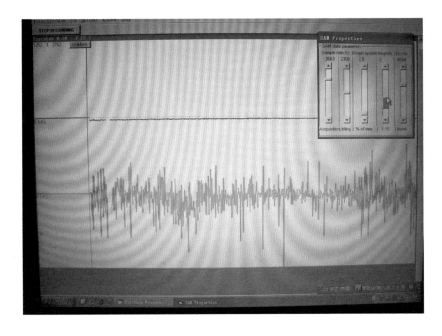

图 2-50
动态肌电图

肉疲劳程度进行分析，以对产品的人机工程学因素的设计进行重要的指导。同时，通过肌电测试方法，也能在产品设计开发之前进行同类已有产品的使用分析，通过肌电测试的结果，来发现人机工程学设计上的不足与可改良之处。

2.6.3　刺激损害与耐受极限

人生存于自然环境之中，会受到各种各样的外在条件刺激，包括温度、噪声、氧气等，都会间接或者直接对人的生理、心理产生影响（图2-51~ 图 2-56 ）。所以，这方面数据的考量，对人的舒适度以及安全度有一定的指导意义（图 2-57 ）。

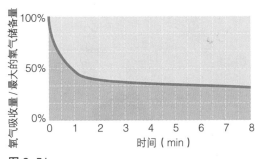

图 2-51
事件的持续时间与人所具备的氧气的最大储蓄量
的百分比之间的关系

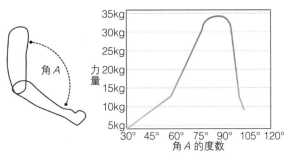

图 2-52
提举力与上臂和前臂所夹的角之间的函数关系

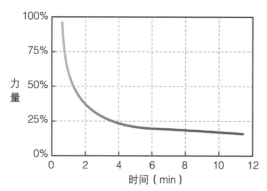

图 2-53

所能维持的最大肌肉力的百分比与实践持续时间的函数关系

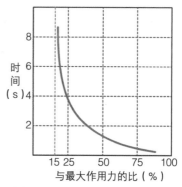

图 2-54

最大抓握维持时间与作用力大小的关系

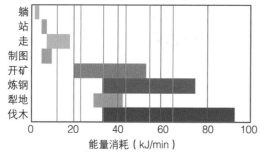

图 2-55

不同工种能量消耗比较

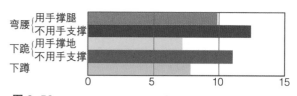

图 2-56

用不同姿势从地面捡起物体的能量比较

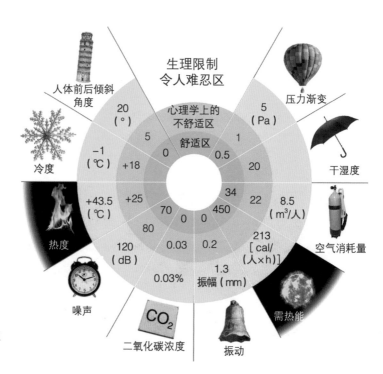

图 2-57

人的各方面的生理、心理极限区

第三章　追究设计理据

　　如果设计是以人或人的活动为中心来展开,"人中心"的理念虽然已不足于涵盖现今设计发展的全面性和先进性,但是,人机工程学仍然是设计途径中必不可少的重要的导向标记,是衡量设计价值的重要标志之一,是设计过程中应予以借鉴的可靠依据。

　　人的造物理念随着造物的生产方式的变迁,经历了一个从以"个人"需求为中心,到以"效率"为目标,最后回归到以"人"为中心的更迭与进化的过程。因此,设计当有理据。设计理据不仅包含用于指导物成型的物理等方面的自然法则,也包含了投射于物上的人的特性,包括人的自然的和社会的属性,这也就涉及人机工程学的相关内容与原理(图3-1)。

3.1　界面详解

　　计算机技术在给我们带来不断的兴奋与困惑的同时,也将"界面"从工程学中物与物的关系拓展至人与物、环境、信息之间的关系,使之成为一个重要的设计要素,其重要性在当今设计实践与设计理论领域内也被不断地确认。通过对界面的概念、含义与性质的探究和梳理,我们希望在加深对界面认识的同时,能形成对设计有益的启发和多层面的理解。

3.1.1　界面的概念和含义

　　汉语中"界面"一词是从英语"interface"那里直接翻译而来。"界面"的中文含义在《近现代辞源》中的解释略显模糊,意为"物体与物体之间的接触面",

图3-1　各种形状瓶子的设计理据会是什么

图 3-2
计算机上的接口

并以"光线从一种介质进入另一种密度不同的介质时，由界面的入射点起发生折射"的现象为例。简而言之，界面即为：存在于两物质间且性质不同于它们的一个薄层。"界面"的属性在此归于物理的、物质的层面，也即是物、物之间的关系。这与维基百科（中文）将"interface"译作工程意味较浓厚的软硬件的"接口"（图 3-2）相类似。

3.1.2　生活中的界面

在人机工程学中讨论"界面"时需考虑"人"这一核心因素，需将"界面"进一步界定为"人机界面"。其实，当人与机器打交道的时候"界面"始终存在。只是它的存在少为我们所察觉；或者以我们难以理解的物与物的关系，以及物与环境的关系也即物的工作原理，在我们的视线之外服务于我们的日常生活。此时，界面潜藏在自然科学研究领域之中，为工程师和各类工程专业人员所熟知。比如通常情况下，我们并不知道汽车的工作原理，但是我们仍然能够成为一个好的驾驶员。但当人工智能等技术日益进步，借由各类产品不断影响到我们生活的时候，"界面"伴随着使用中出现的各种问题，便成为我们日常生活中需常常费心去面对的一件事。它也由物物关系拓展、演变为人机关系，在被冠以"人机界面"之后进入设计师的视野范围。

人机界面中的"机"，不应是特指由各类动能驱动的或有或无"智能"的机器，而应包括我们生活、工作、休闲中经常使用的各类物品（图 3-3）。

图 3-3
生活中的界面——汽车方向盘

3.1.3 设计中的界面

人与物的界面可作如下的描述：它是物用来接收人以动作、口令或他物发出的指令并显示自身状态的地方，以便于人启动、停止和调整物的运动状态，如按钮、显示器和鼠标等，这是带有输入和输出性质的典型的人机界面（图3–4）；人与物的界面也可以是物接收人的动作并随之运动的地方，如把手、柄、脚踏板等；或是物支承人体助其完成特定的活动的地方，如坐具、坐便器、工作平台支撑面等；或是物附着于人体某个部位助其完成某类活动的地方，如鞋内底、镜架、耳机的耳垫与头带等。

图 3–4　按键手机

凡此种种，我们从中可以看出人与物的界面的一般特性：首先是物质性，并且可移动；其次是作为物的一部分，只有当它被人体某部位"碰触"时，或由人输入指令时才体现出物对人的意义，并以物的行为——物的状态"变化"——与人的行为产生互动。

3.2 "硬界面"与"软界面"

3.2.1 硬界面

在由麦克·埃尔霍夫（Michael Erlhoff）和提姆·马歇尔（Tim Marshall）编著的《设计字典》中，指出了硬件（hardware）所具有的多重含义。从科学的角度可将"硬件"描述为"由固体材料组成的一种实体，一种固体的物品，或者机械类的物品。"而"在日常英语中，'硬件'亦指手动工具和为完成某一任务所需的任何器具。"由此可以推断，直至计算机的出现，人类的造物历史始终没有越过"硬件"的范围，在此之前，物没有"软"、"硬"之分的概念。人、物之间的界面就是人与硬件之间的界面，也就是如今所谓的"硬界面"。

硬件以我们熟悉的物质形式呈现，硬界面也因此具有一定的体量，并且是人体可触的。同时，硬件的行为是可见的、具体的因而是易被我们理解的。在丹·塞弗（Dan Saffer）的《交互设计指南》一书中，马克·瑞特格（Marc Rettig）以我们都很熟悉的"茶壶"为例，指出它"只会以一种有限的、可预期的、机械化的方式交互。"这只是因为茶壶中没有被我们植入"智能"而缺乏自身行为能力，因而在使用过程中显得"很听话"，茶壶的行为的"自明性"使得在我们与其交互时没有太大的麻烦。

人与硬界面之间的关系可以看做人体因素，以及人的知觉与认知

图 3-5 咖啡机

图 3-6 软界面

在物的界面与空间环境上的投射，硬界面的设计需满足人的生理和心理限制条件，以及与造物相关联的诸多限制。它与人体的静态与动态尺寸、人的运动与施力、习惯性反应行为等因素有关。从人机工程学的角度来看，硬界面的设计基于可实证的硬数据的基础之上，是体量化的，趋于理性的，因而是无法逾越自然法则的（图 3-5）。

3.2.2 软界面

操作系统、程序和游戏运行时所显示的各类信息的界面即为"软界面"。图形用户界面（Graphic User Interface）（图 3-6）取代命令行界面（Command Line Interface）成为目前最为通行的软界面交互形式。

软界面设计实际上也是交互设计的一部分。它是交互方式的视觉表达，服务于交互方式，其形式受到交互方式的规定。因此，软界面设计除了要遵循艺术的规则外，也要受到与人的感知、认知特性相关的某些规律的制约。

"隐喻"作为当前交互设计的主要工具，是因为由数字构成的虚拟世界难以为人所理解，而直接从我们生来就与之打交道的物质世界中调用我们非常熟悉某物的符号，来塑造虚拟空间中的"存在物"，使虚拟空间与人在进行交互时，更易为人理解与辨识，减轻了人在认知上的心理负担，让人机交互变得更加流畅。并且，隐喻这种来自语言学的修辞方式，无意之中将趣味性与艺术性注入软界面设计当中。从中我们可以理解，隐喻的方式即为交互的方式，只有在确定运用哪种我们熟悉的事物作为隐喻的对象之后，才能交由软界面设计去予以视觉化的呈现。

丹·塞弗在总结关于交互设计的不同观点时指出，"交互设计是一

人机工程与创新

种艺术：一种应用艺术，类似于家具制造；交互设计不是科学，尽管也产生了一些可靠的正确规则。"从这个意义上来说，以交互为基础的软界面设计，较之硬界面设计的物质性限制，更趋于艺术性，更多的是基于经验和软数据。

3.3 作业案例

3.3.1 硬界面的案例

在人机工程学教学中，就硬界面问题我们通常将教学重心落在"人体因素"上：人在使用或操作某物时所涉及的人体的动、静态尺寸，人体各部位的动作，人的姿势等与人体因素的相关内容与原理。无论设置什么样的课程主题，我们均要求学生制作 1：1 的模型，意在强调"试验中体验"。以简明的理论讲解导入课程主题，通过安排观察、测量、试验等前期实践活动，以活化学生头脑中那些抽象的概念、原理和僵硬的数值，加深体会和理解其中的含义；后期的模型试制，实质上是学生对前期调查试验结果的自我验证的过程，学生需在不断的调试中才能达成较为令人满意的结果。通过这一教学推进方式，学生能从中悟出人机工程学与设计之间的关系，学会运用人机工程学的方法审视和思考设计，树立"设计必须善解人意"的专业意识。

案例

·课题名称：坐、卧、站、蹲的支撑界面

·学时：4 周

·年级：本科三年级

·指导教师：陈晓蕙、陈斗斗

·作业时间：2008 年

·课题内容介绍：

以日常生活中的四种典型姿势为例，结合它们与我们日常活动之间的诸多联系，阐释坐、卧、站、蹲的支撑界面的人机工程学原理。要求学生从"界面"角度出发，思考、观察、实验、设计和试制一件能为坐、卧、站、蹲四种姿势提供有效支撑的器具，从中感悟人机工程学与设计之间的关系。

·作品 1：公交车上的凭靠装置（节选）

·学生姓名：陈超、周斌、李贤聪、黄逸霖、彭金芳

1. 现场调查（图 3-7）

2. 界面思考与设计——原型的验证（图 3-8、图 3-9）

3. 界面思考与设计——原型的深入（图 3-10）

4. 界面的虚拟模拟（图 3-11、图 3-12）

生活中大家都曾挤过这样的公交车，我们在这样狭小的空间内困难地支撑着，因为座位和站位的系统设计的不足，为我们的出行带来很多不便。

现象调查分析

图 3-7
现场调查

图 3-8
界面思考与设计——原型
的验证（1）

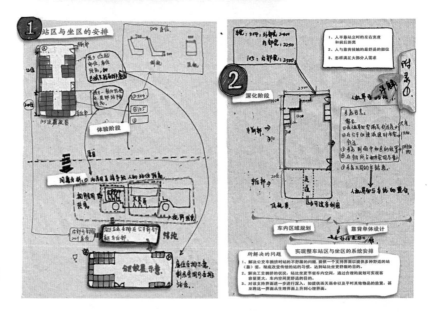

图 3-9
界面思考与设计——原型
的验证（2）

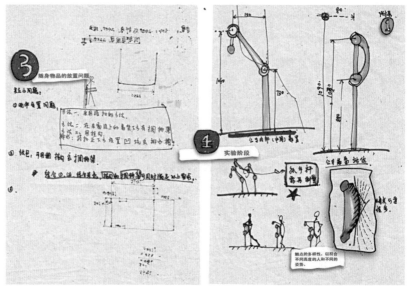

人机工程与创新

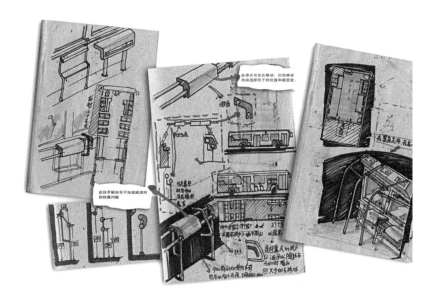

图 3-10
界面思考与设计——原型
的深入

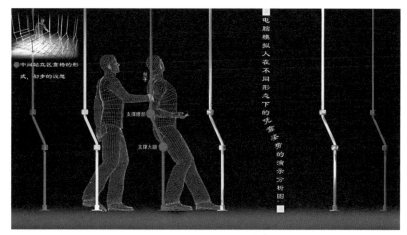

图 3-11
界面的虚拟模拟（1）

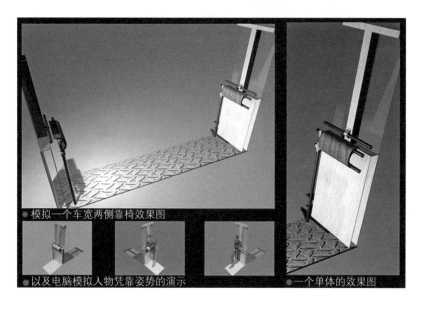

图 3-12
界面的虚拟模拟（2）

5. 界面模型的试制（图 3-13）

6. 界面模型的小组成员试验（图 3-14）

这是一个为应对现实问题而创的新型界面的人机工程学研究与设计。

该小组成员从观察到的现象出发，提出以凭靠界面——一种占用空间少、可供暂时栖息、符合客观条件限制的支撑方式——作为应对问题的策略。为分散上身重量，他们提出通过靠腰为其多提供一个支撑点以减轻腿部负担，从而达到减轻站疲劳的目的。同时，考虑到长时间地采用一种姿势可能会带来另一种疲劳，小组成员加宽了靠腰界面顶部的尺寸，给出一个用于肘部支撑的附属界面，便于乘客在两种姿势间自如地切换，并且整个支撑界面的高度可调。

图 3-13
界面模型的试制

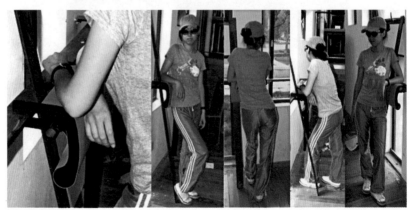

图 3-14
界面模型的小组成员试验

人机工程与创新

整个作业过程表现出该小组同学较灵敏的设计嗅觉，严谨的思维，较强的设计表达力，以及对人机工程学相关原理的较强领悟、把握和运用能力。

・作品2：蹲的界面（节选）

・学生姓名：林洁、王耀臣、陈成、郭蕾、于李杰

1. 蹲的界面调查（图3–15、图3–16）

2. 界面设计的体验——角度调试（图3–17）

3. 界面思考与设计（图3–18）

4. 界面设计的虚拟模拟（图3–19）

5. 界面模型的体验与评价（图3–20）

图 3–15
蹲的界面调查（1）

测量脚的站位位置，有些人使用时脚比产品最前面还要超将近100mm。

测量人在使用时的八字站法，超出踢脚板50~100mm左右（e图）。

（a）　　　　　　（b）

（c）　　　　　　（d）　　　　　　（e）

图 3–16
蹲的界面调查（2）

25°   20°   12°

10°   30°   9°

图 3-17
界面设计的体验——角度
调试

原先的方案主要是来源于平时生活中穿平底鞋和穿平底高跟鞋使用的不同感受，平底鞋会让脚部有压迫感，容易酸，而且在蹲累的时候重心会向后倒，所以考虑将踩脚板提到一定的角度，使脚面与小腿的角度增大，减缓压迫，同时累的重心若是向后倒时，这个坡度的斜面会给予一定的支撑。（左图）

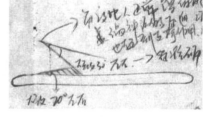

考虑蹲的时间若是长，重心没有分担，不管外物怎么支撑都会脚酸脚麻，所以考虑加个和腿部趋势类似的支撑面，加大大腿支撑面和小腿支撑面的角度，减缓对膝盖窝的压迫，但是考虑公共环境下人们对卫生问题的敏感及美观，减掉这个支撑面，原先预设时的角度为20°左右。（右图）

对方案的讨论改进过程考虑踏脚板能否由上突改为下陷。（左图）

考虑若是下陷容易积水，所以在内部做斜向凹槽。（下图）

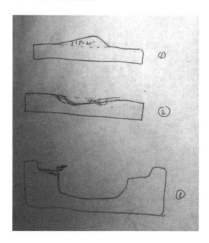

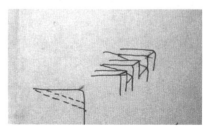

图 3-18
界面思考与设计

人机工程与创新

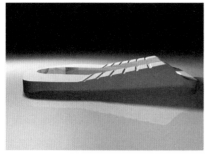

前部分平的考虑穿高跟鞋的女性及不喜欢使用斜面的使用者使用，后面的斜面可供穿平底鞋的使用者使用，中间是过渡部分，可随使用者自己意愿随意调节自己的站位。

根据前面脚位的测量确定这个分界线距最前端280cm，斜面长度也在280cm左右，人的脚的尺寸，女性在230~270cm，男性一般在300cm以内，足够脚的站位。

图 3-19
界面设计的虚拟模拟

不同站位的尝试体验

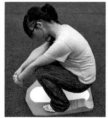

组员体验过程

图 3-20
界面模型的体验与评价

　　这是一个以现有产品为基础的界面研究与设计。

　　从前期调查、分析入手，抓住蹲坑界面中支撑人体的关键要素——脚踏板，以这一界面的角度变化为试验对象，着重考察这一变量下人体蹲姿和与其相关活动的舒适度，为后期的"可调式"斜面踢脚板的界面设计与模型试制，提供了可借鉴的实验数据。

　　整个作业过程表现出该小组同学较强的审视问题的能力，思路清晰，作业实施步骤完整而周密，应对问题的策略颇具建设性，这也反映出他们所具有的严谨的学习态度。

3.3.2　软界面的案例

　　软界面设计处于人机工程学、设计心理学、交互设计、信息设计等学科的交汇处。我们在人机工程学和设计心理学的课程中均有所涉及，而在设计心理学的课程中涉足得更深入一些。在该课程中，我们将软界面设计的教学内容聚焦在两个不同层面的问题上：如何以预设用途、反馈和前馈的方式为用户心智模型提供足够的信息支持，以此建立基本交互方式，形成软界面设计的深层依据；如何进行视觉元素的组织与个性化处理，以确定产品的最终外观，形成软界面的表层形式。

- 课题名称：软界面的设计与研究
- 学时：3 周
- 年级：本科三年级
- 指导教师：武奕陈
- 作业时间：2012 年
- 课题内容介绍：

在人机工程学的三个层面的研究领域中，软界面更多地涉及位于第二层即人的感知与认知这一层面。因此，在这一课程中，我们要求学生既要从可用性的角度去检验产品的使用功能，如界面导航的运作方式和控件的布局是否与人的心智模型相匹配，简单说就是"上手"是否容易；又要求以相关的视知觉定律，检验界面中各类符号作用于人的方式是否存在"越限"。在整个课业中从发现和分析问题，到提出应对策略和制订设计目标，直至具体的设计实施的过程中，要求贯穿以实验调查方法，强调和明确设计中的人机工程学因素。目的在于让学生体验人机工程学相关原理在软界面设计中的导向和决策作用，从中感悟和理解两者间的关系。

案例：照片处理类 APP 应用程序（IOS 系统）界面设计（节选）

学生姓名：何刊、胡峻、孙婉琦、吴雯雯、付沛鑫

1. 手机 APP 应用使用与需求的问卷调查（图 3-21）

2. 手机照片处理类 APP 应用的基本问卷调查（图 3-22）

3. 关于照片处理类 APP 应用的手势操作问卷调查（图 3-23）

4. 以某一款市场上已有的同类软件进行使用问卷调查（图 3-24）

5. 关于此类别 APP 应用界面图标的问卷调查（图 3-25）

6. 此 APP 界面的低保真原型设计（图 3-26）

7. 界面图标部分的设计以及说明（图 3-27）

8. 界面设计初版（图 3-28）

9. 用眼动仪对初版设计界面进行分析（图 3-29）

10. 界面设计最终稿（图 3-30）

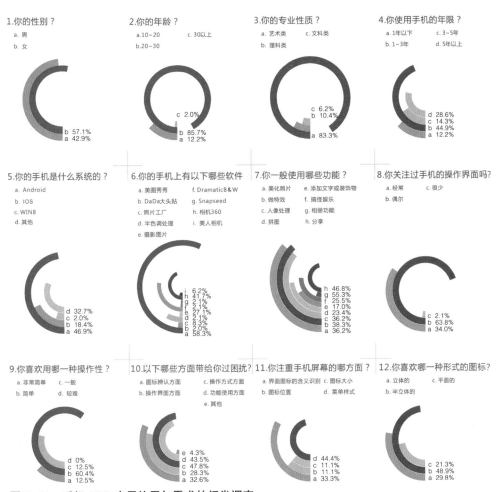

图 3-21　手机 APP 应用使用与需求的问卷调查

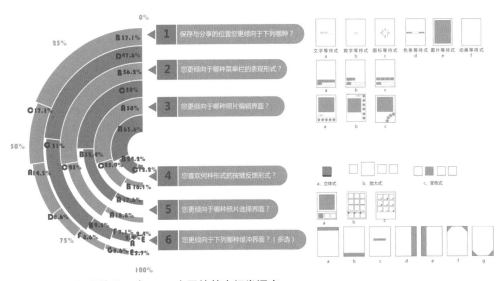

图 3-22　手机照片处理类 APP 应用的基本问卷调查

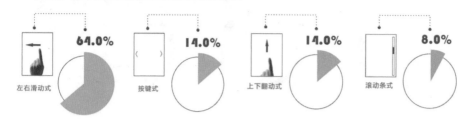

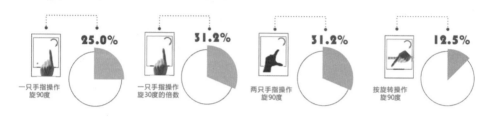

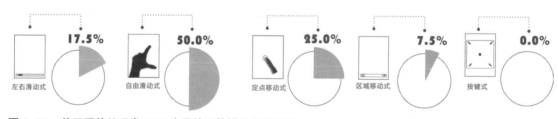

图 3-23 关于照片处理类 APP 应用的手势操作问卷调查

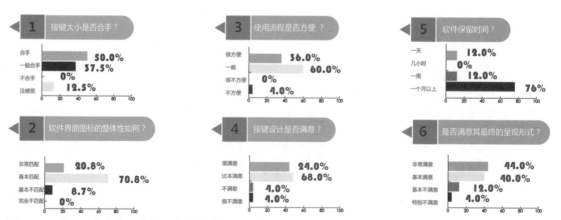

图 3-24 某一款市场上已有的同类软件的使用问卷调查

1、标识"是、否"哪种识别性更强？

a

b

65.5%

35.5%

2、标识"保存"哪种识别性更强？

a
b
c
d
e
f

8.6% 14.2%
8.6%
5.8%
8.6%
17.1 **37.1%**

3、标识"设置"哪种识别性更强？

a
b
c
d

3.6% 3.6%
35.7%
57.1%

4、标识"帮助"哪种识别性更强？

a
b
c

6.9% 37.9%
55.2%

5、标识"删除"哪种识别性更强？

a
b
c
d

7.1% 10.7%
28.6%
53.6%

6、标识"返回"哪种识别性更强？

a
b
c
d
e

9.3% 17.1%
10.3%
17.1%
46.2%

图 3-25　关于此类别 APP 应用界面图标的问卷调查

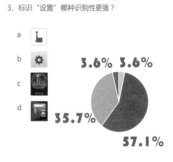

图 3-26
此 APP 界面的低保真原型设计

保存

多以保存或者是
短信居多

共享

多以共享或者是
互联网含义居多

返回

多以下一步或者
是返回居多

保存到内存卡

多以存储卡含义
居多

保存到手机

多以手机本身的
含义居多

深浅 远近等

以程度含义居多

图 3-27
界面图标部分的设计以及
说明

图 3-28
界面设计初版

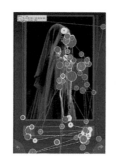 

界面按键问题

用户过多地关注按键，界面
不符合软件基本需要，在尺
寸方面没有考虑到人使用时
的按键大小和用户的习惯

界面排布问题

在喜用性上还不够，用户的视觉
没有最先集中在按键上，排布影
响用户的使用状态，在一些细节
方面还有待完善

 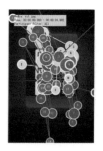

 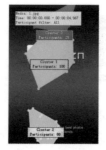

信息传达方面问题

改进后的方案，用户可以较
正确地找到视觉中心，关注
图标引导的行为，用户能够
较准确地获取按键上面的信
息，并进行合理操作

图 3-29
用眼动仪对初版设计界面
进行分析

人机工程与创新

| 分享界面 | 拼图界面 | 美白界面 | 去黑眼圈界面 | 旋转界面 |

图 3-30 界面设计最终稿

4

第四章 探索用户需求

　　我们设计产品要为人所用，方便人使用，使用安全舒适，甚至从需要使用到喜欢使用，除了对人的研究以及对产品的研究，更需要对使用产品与人的所在环境进行研究。所以，就是要对人、事、场、物进行分析。

4.1 "人、事、场、物"的要素分析

　　"人"广义的是指自然人与社会人，而狭义的就是指使用者，人的心理特征、生理特征以及人适应设备和环境的能力都是重要的研究内容。

　　"事"就是指"人"在"场"中使用"物"的过程（图4-1）。

　　"场"泛指环境，是指人们工作和生活的环境，噪声、照明、气温等环境因素对人的工作和生活的影响，是研究的主要对象。

图4-1
人—机—环境

"物"就是人使用的产品，是指为人们的生活和工作服务的工具，能否适合人类的行为习惯，符合人们的身体特点，是人机工程学探讨的重要问题。

"人、事、场、物"，是人机工程学中重要的整体性研究内容，尤其是在设计产品的过程中，要充分考虑到这四者之间的影响与联系，不同的人群，也就是用户群，使用产品的习惯与使用要求不同；不同的环境，就会有不同的使用者，也会有不同的环境要素，也就影响到产品的形态、功能等。

在"人、事、场、物"中，研究对象是以人为主体，研究人体的结构功能、心理、生物力学等方面与产品之间的协调关系，以适合人的身心活动要求，取得最佳的使用效能（图4-2）。然后是研究人、物和场等的相互关系。所以，在"人、事、场、物"中，涉及尺度、行为、心理三个重要衡量要素，主要针对的是人，也是"人"影响"事、场、物"的要素。人的生理与心理尺度影响着产品，把产品的概念扩大化之后，就会是建筑、空间，也就是人的生理与心理尺度影响到了环境，也就是"场"。同时，人的行为会要求"物"的具体形态、功能等实际条件。

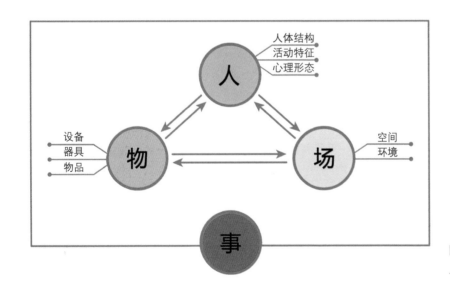

图4-2
人、事、场、物关系图

4.2 "意向调查"与"行为观察"

我们知道，在工业设计中，我们要设计出真正为人所用，好用的产品，就需要在人机工程学方面进行研究，正如我们前所说，人机工程学研究的主体是人，在设计人使用的任何产品之前，就需要进行用户的需求研究，寻找用户的心理意向，挖掘以及适当地引导人的心理及生理需求，为产品的设计进行一个用户需求支持，这就需要进行用户"意向调查"。

人机工程学的研究基础就是通过不同的衡量尺度来把人的各种标准进行数据化的研究，而使用产品的过程是一个动态的过程，是一个过程，而不是一个状态，那么探索用户的需求就是探索用户的行为模式与使用产品的习惯，就需要在一段时间内对用户使用某一件产品的整个过程进行观察，并且记录下过程与发现其中问题的点，通过这个分析，就能准确了解产品的问题与可改进之处，从而把产品做得更安全、更舒适，这种观察的方法就是"行为观察"法。

"意向调查"与"行为观察"其目的都是寻找设计出更好地为人服务的产品的方法，只是通过不同的手段来展开研究与发现。"意向调查"，顾名思义，注重的是调查，调查时通过一些对用户的访问、问卷以及背景属性研究等，可以是针对不同个人的，也可以是针对某一人群的，目的就是通过这些调查，寻找他们的个人欲望，发现他们关注的内容以及想要达到的目的，是一个将用户或者潜在用户的抽象化的需求总结成具体的，带有归纳性质的总结性研究成果的过程，是典型工业设计流程中一个重要的前期环节，尤其是对于人最基本的安全与舒适需求，这正是人机工程学发挥重要作用的环节。比如，我们设计一个手机，那么就会向用户调查，而用户就会给予一定的意向需求，比如说需要增加或减少触摸屏的设置，色彩搭配想要鲜艳一点，个性一点；造型线条需要流线型一点或者硬朗一点；尺寸上需要男女都能适用等，而设计师就是根据用户的这些意向需求来进行归纳总结，发现用户的实际需要，从而对设计方案进行指导的。而具体到人机工程学的角度，比如说一把剪刀的改良设计，用户就会提出剪刀的把手是不是可以大一点；是不是可以左右手都能方便使用；发挥杠杆作用的点的位置是不是可以更省力等。而"行为观察"就是以观察为主，相对"意向调查"更加客观，在不影响用户的情况下对用户的整个使用产品的行为进行观察、记录，用以分析研究，这就需要用高速摄影机等设备把用户的行为记录下来，同时需要在一定的距离外进行观看，及时了解用户使用产品时的困难与障碍，发现产品设计中的不足以及好的地方。"行为观察"会在产品设计前期进行，但同时也会在产品设计后期进行，把设计好的产品的工程模型或者是样品给用户使用，从而发现问题，进行修改，能及时了解设计的不足之处，具有相当大的实际指导意义。

"意向调查"与"行为观察"虽然作用相同，但是各有自己的研究方法，同时又存在于工业设计的不同环节之中，或者同一环节的不同时期。前者以询问为主，比较主观；后者设计师以旁观者的身份进行，更加客观，两者可以互相补充。

4.3 案例一：2010 世博会会场与展馆休息系统设计

2010 上海世博会作为一个大型的世界级展会，吸引了中外各地男女老幼不同的人前来观看，那么这些人群就是人机工程学中所说的"人"，也就是用户。而参与的环境，有户外也有室内的不同的环境，就是"场"。在这个"场"中"人"所接触到的各种东西，包括公共场合的设施等，都是"物"的范畴。而"人"在这个"场"中使用"物"的过程，就是"事"。

我们把世博会的各种设施进行分类，按照功能类型分为了休息、餐饮、导识、垃圾处理等系统，学生分为若干组，进行撒网式的调查，然后发现问题，各自对自己感兴趣的系统进行设计研究。我们这里举例的是休息系统的设计部分的过程。

首先，前期进行的就是调查，调查一开始采用的是"行为观察"法。在世博会现场对人使用休息、餐饮、导识、垃圾处理等系统的公共设施的过程进行观察记录，从而寻找有问题的点进行切入，选择自己组准备进行设计的系统方向（图 4-3）。

观察的主体是人与公共设施，但同时也需要对环境进行记录。照片记录的是一个过程中的静态画面，所以需要在记录的同时，用肉眼观察，发现问题，进行记录，以对后面的问题进行发散以及寻找改良的潜在可能性。记录的照片需要进行分析，分析产品与人的关系，来更清楚地寻找问题所在（图 4-4）。

除了对"人"、"场"、"物"进行分析之外，还要对"事"进行分析，使用公共设施的过程就是"事"，这个过程就是我们必须仔细研究的内容，一件产品在不同的使用状态下的人机工程学要求也是不同的，所以产品是一个复合的整合产物，因此必须全面观察分析，然后根据人机工程学的相应尺度要求标准进行可视化的设计。

设计说明：

休息的姿势有许多种，每一种姿势的疲劳程度都不一样，人们在休息时改变不同姿势来转嫁疲劳。"城市 24 号"是我们根据人们休息时的身体曲线设计的公共休息设施，可以在同一界面满足正坐、半坐、倚靠三种姿势（图 4-5~ 图 4-7）。

"城市 24 号"通过对人的休息的姿势进行分析，发现人不同的休息姿势，根据人机工程学的尺度标准进行高度划分，然后通过曲面的设计融合在一件设施之中，最终以 1 ∶ 1 的模型进行尺度展示，让人可以进行直接的体验。

图 4-3
现场观察记录
的照片

人机工程与创新

图 4-4 对场景的"物"进行分析

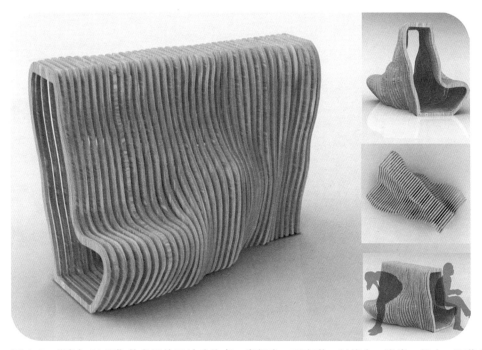

图 4-5 "城市 24 号"休息设施设计(作者:肖哲也、王安琪、刘优中、张岩、姚也、郑薇)

图 4-6
模型制作过程

图 4-7
最终模型

人机工程与创新

4.4 案例二：剪刀的改良设计

剪刀是生活中常见的物品，也是主要通过我们的手来进行操作的产品，但是我们依然会发现剪刀的使用还是会在某些情况下出现问题，手柄等地方都会有不舒适甚至不安全的隐患存在，这些就是潜在的可进行改良设计的点。

学生首先必须尽可能地对生活中所能接触的剪刀进行调查研究，分析各种剪刀的基本形态、操作过程等，发现其中的问题，通过模型的制作来进行主观性测试，完善设计。过程见图 4-8~ 图 4-14。

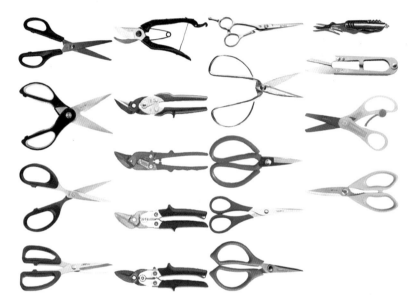

图 4-8
生活中能接触到的各种剪刀

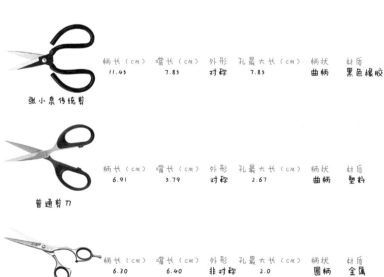

图 4-9
对基本形态的剪刀进行尺寸测量与形态分析

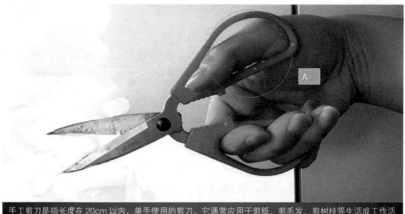

手工剪刀是指长度在 20cm 以内，单手使用的剪刀。它通常应用于剪纸、剪毛发、剪树枝等生活或工作活动中。之所以限制手工剪刀的长度在 20cm 以内，是根据 GB10000—88 的标准，95% 的男子（18~60 岁）手长小于 196cm，95% 的女子（18~60 岁）手长小于 183cm。因此，20cm 可以保证绝大多数人的使用要求。

在使用过程中，发现了不少问题，主要为：1）A 点过大，在套住大拇指关节时比较松，没有贴合住大拇指的形态，抓握不舒适。
2）没有方便老年人使用的省力设计。

图 4-10
分析剪刀使用过程中的问题

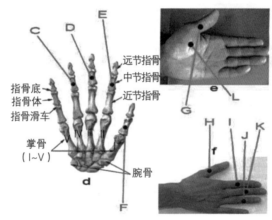

图 4-11
通过人的生理特征进行分析

远节指骨
中节指骨
近节指骨

指骨底
指骨体
指骨滑车

掌骨
（I~V）

腕骨

图 4-12　通过肌电仪器进行测试分析

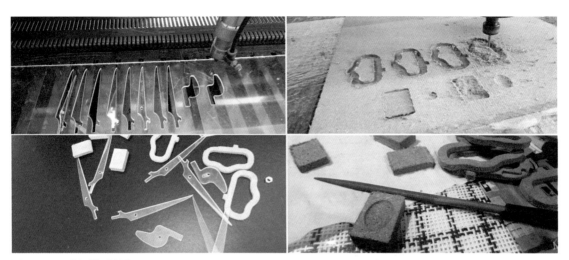

图 4-13　过程模型制作

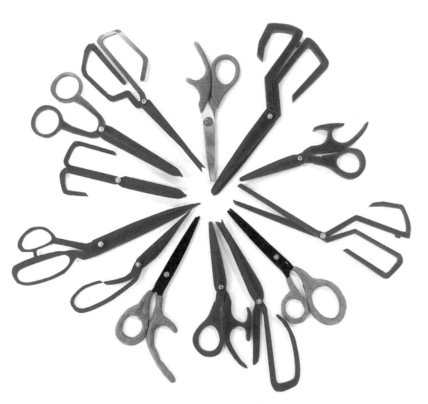

图 4-14
所有模型呈现

　　通过剪刀的研究能发现一件产品的不同形态在不同人的使用习惯之下，有不同的舒适、安全与功能需求，需要进行从宏观到微观的形态分析，结合不同的分析研究方法寻找更加方便与舒适的可能性。

4.5　案例三：鼠标的改良设计

鼠标与剪刀一样，是现实生活中必不可少的一件产品。设计过程和鼠标基本类似，但是加入了主观评测与问卷调查，对设计的进一步改进有更好的指导意义。过程详见图4-15~图4-19。

图 4-15

各种鼠标的收集与调研

根据鼠标外形及使用过程所绘制的手部受力区域示意图。

分析：

受力面不宜过于小、不宜太集中。掌心受力要均匀。

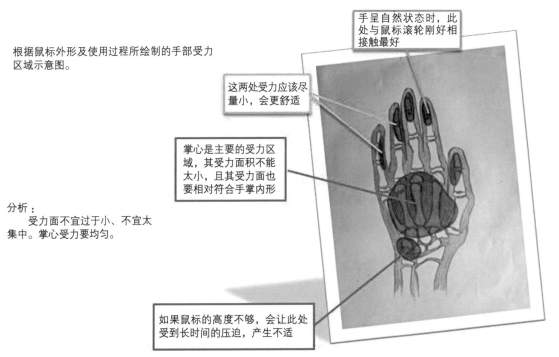

手呈自然状态时，此处与鼠标滚轮刚好相接触最好

这两处受力应该尽量小，会更舒适

掌心是主要的受力区域，其受力面积不能太小，且其受力面也要相对符合手掌内形

如果鼠标的高度不够，会让此处受到长时间的压迫，产生不适

图 4-16　通过已有的生理知识点进行分析

人机工程与创新

男 man 📑

年龄	10周岁	11周岁	12周岁	12周岁	21周岁	22周岁	22周岁	21周岁	36周岁	46周岁	60周岁
手面长度	132mm	161mm	160mm	161mm	184mm	191mm	178mm	182mm	196mm	181mm	180mm
手面宽度	78mm	81mm	77mm	87mm	82mm	91mm	82mm	85mm	97mm	88mm	83mm

女 woman 📑

年龄	7周岁	10周岁	10周岁	19周岁	22周岁	20周岁	21周岁	21周岁	21周岁	20周岁	46周岁
手面长度	122mm	132mm	133mm	170mm	180mm	180mm	193mm	175mm	180mm	165mm	175mm
手面宽度	59mm	62mm	65mm	79mm	89mm	75mm	81mm	83mm	83mm	75mm	86mm

图 4-17 通过用户数据进行分析

- 草模数据与分析

	手指	手掌支撑	滚轮	大小	腕部	灵活性	肌肉放松度
①	5	4	5	5	5	5	5
②	4	5	4	4	4+	4	5
③	2	2	4	3	3	3	4
④	3	4	5	4	4	4	4
⑤	5	5	4	3+	5	3	5

分析

相对捏鼠使用者，趴鼠对较大倾角有较好反应，但是实际调查倾角较小得分较高，捏鼠对低平鼠标反应较好。

图 4-18 把制作过程中的模型进行用户主观体验，进行问卷调查，发现其中的问题

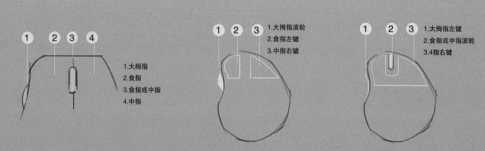

从按键习惯来说：普通鼠标基本上是由3个按钮构成：左键、右键和滚，轮经过许多的询问和研究，结果是当手放在鼠标上的时候，最灵活按动的手指应该是大拇指和食指，而不是食指和中指，用我自己来做实验的话就是用中指按键按久了指头会酸。我决定把鼠标的按键位置进行调换，设定为食指所在的位置是原来鼠标的左键，大拇指所在的位置是原来的右键，鼠标的移动方式是摇动的，避免了前者移动方式的鼠标大拇指出现的误击。

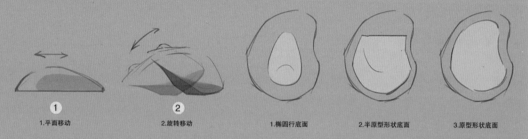

从移动方式来说：我们使用的鼠标基本是放在桌上用手腕来控制它左右移动的，缺点就是长时间的使用会使手臂关节酸痛，手掌下部有个骨点还会长茧子。我们的想法就是把鼠标移动改为鼠标摇动，形态上还是于一般的鼠标一样，这样使人还是比较好适应的，并且摇动的时候手和桌子是没有摩擦接触的，这样就不会起茧子。摇动鼠标可以使手臂关节得到休息，也使得手腕得到活动。

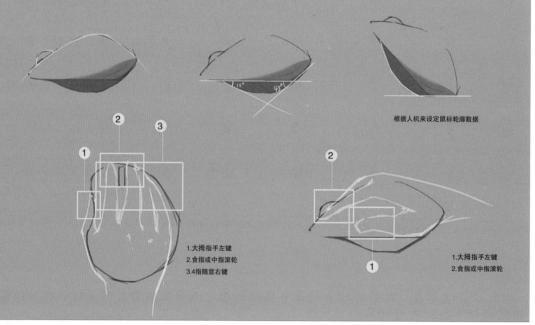

图 4-19 鼠标使用过程分析

4.6 案例四：从人机工程学的角度对门把手、拐杖把手和工具把手等进行设计

把手是我们在日常生活中接触得最平凡的操作界面，虽然有些是瞬间的短时间接触，有些是长时间接触，但是无论操作的时间长短，都会涉及对人手部，甚至是整个身体的人机尺度。本案例运用了行为观察记录法进行了大量的草模方案的研究（图4-20~图4-59）。

手把的形状应与手的生理特点相适应。就手掌而言，掌心部位肌肉最少，指骨间肌和手指部位是神经末梢满布的区域。而指球肌，大鱼际肌、小鱼际肌是肌肉丰满的部位，是手掌上的天然减振器。设计手把形状时，应避免将手把丝毫不差地贴合于手的握持空间，更不能紧贴掌心。手把着手方向和振动方向不宜集中于掌心和指骨间肌。因为长期使掌心受压受振，可能会引起难以治愈的痉挛，至少容易引起疲劳和操作不正确。

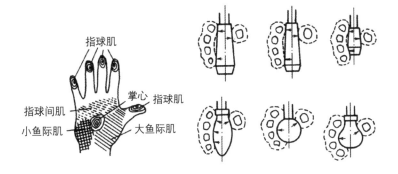

图4-20
手把形状与手的生理特征

手把形状应便于触觉对它进行识别。在使用多种控制的复杂操作场合，每种手把必须有各自的特征形状，以便于操作者确认而不混淆。通常，手把的长度必须接近和超过手副的长度，使手在握柄上有一个活动和选择范围。手把的径向尺寸必须与正常的手握尺度相符或小于手握尺度。如果太粗，手就握不住手把；如果太细，手部肌肉就会过度紧张而疲劳。另外，手把的结构必须能够保持手的自然握持状态，以使操作灵活自如。

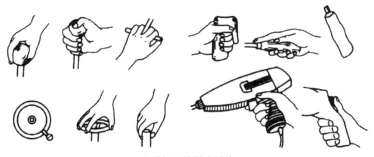

各种把手的样式手绘

图4-21
触觉与手把的形状

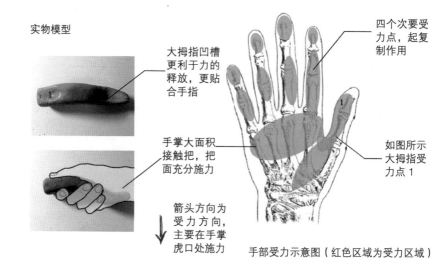

实物模型

大拇指凹槽更利于力的释放，更贴合手指

四个次要受力点，起复制作用

手掌大面积接触把，把面充分施力

如图所示大拇指受力点 1

箭头方向为受力方向，主要在手掌虎口处施力

手部受力示意图（红色区域为受力区域）

图 4-22
草模与手部受力的分析
（方案 1）

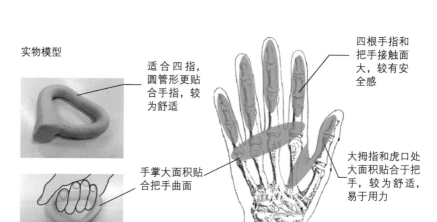

实物模型

适合四指，圆管形更贴合手指，较为舒适

四根手指和把手接触面大，较有安全感

手掌大面积贴合把手曲面

大拇指和虎口处大面积贴合于把手，较为舒适，易于用力

箭头方向为受力方向，主要在手指虎口处施力

手部受力示意图（红色区域为受力区域）

图 4-23
草模与手部受力的分析
（方案 2）

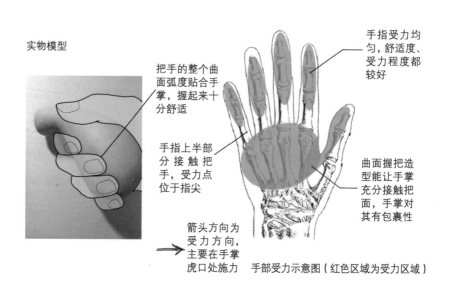

实物模型

把手的整个曲面弧度贴合手掌，握起来十分舒适

手指受力均匀，舒适度、受力程度都较好

手指上半部分接触把手，受力点位于指尖

曲面握把造型能让手掌充分接触把面，手掌对其有包裹性

箭头方向为受力方向，主要在手掌虎口处施力

手部受力示意图（红色区域为受力区域）

图 4-24
草模与手部受力的分析
（方案 3）

实物模型

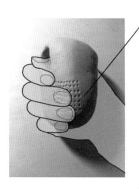

多点小凹槽
与四指指尖
之间摩擦力
增加

食指和小拇
指和把手接
触面较小，
不太受力

手指接触把
面，有利于
充分拉开门
把手

曲面握把造
型能让手掌
充分接触把
面，手掌对
其有包裹性

箭头方向为
受力方向，
主要在手掌
虎口处施力

手部受力示意图（红色区域为受力区域）

图 4-25
草模与手部受力的分析
（方案 4）

实物模型

类似于 T 字
形的造型有
利于对手的
一个包裹保
护作用

食指和小拇
指与把手接
触面较小，
不太受力

把手上微微突
出一块符合人
手部虎口的弧
度，更为贴合
手掌

曲面握把造
型能让手掌
充分接触把
面，手掌对
其有包裹性

箭头方向为
受力方向，
主要在手掌
虎口处施力

手部受力示意图（红色区域为受力区域）

图 4-26
草模与手部受力的分析
（方案 5）

实物模型

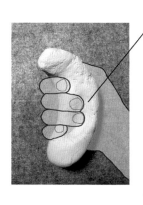

四指凹槽更
贴合于四指
指尖

四个凹槽表
达了手指第
二关节处的
受力点

手指接触
把面有利
于充分拉
开门把手

推门把手时
虎口处受力
面较大

箭头方向为
受力方向，
主要在手指
虎口处施力

手部受力示意图（红色区域为受力区域）

图 4-27
草模与手部受力的分析
（方案 6）

实物模型

拇指凹槽右侧突出的造型更加适合手掌的贴合

手掌与手指处的连接处倚靠住把面右侧，稳定性增强

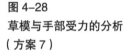

图 4-28
草模与手部受力的分析
（方案 7）

四根手指起到支撑的作用，方便旋转

大拇指和虎口处大面积贴合于把手，较为舒适，易于用力

↑ 箭头方向为受力方向，主要在手指虎口处施力

手部受力示意图（红色区域为受力区域）

实物模型

把手着力点不明显，手掌受力较小

手指与把面接触不够充分，握起来感觉十分吃力

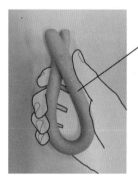

图 4-29
草模与手部受力的分析
（方案 8）

四指和把手接触面较小，不太受力，握起来感觉不舒适

曲面握把造型能让手掌充分接触把面，手掌对其有包裹性

⇒ 箭头方向为受力方向，主要在虎口处施力

手部受力示意图（红色区域为受力区域）

实物模型

类似于 S 字形的造型有较好的切合手指弯曲程度和虎口弧度

手掌受力较小，支撑不够，把手过细

图 4-30
草模与手部受力的分析
（方案 9）

手指受力区域分布不均

虎口处受力，贴合把手较好，此处造型得当

⇒ 箭头方向为受力方向，主要在手指弯曲处施力

手部受力示意图（红色区域为受力区域）

人机工程与创新

实物模型

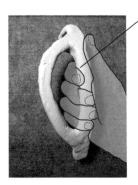

把面圆弧形，
更贴合四指
环绕紧握

手指接触把
面，有利于
充分拉开门
把手

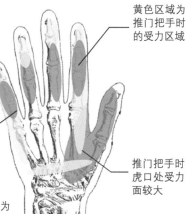

黄色区域为
推门把手时
的受力区域

推门把手时
虎口处受力
面较大

箭头方向为
受力方向，
主要在手指
虎口处施力

手部受力示意图（红色区域为受力区域）

图 4-31
草模与手部受力的分析
（方案 10）

图 4-32（左）
木刨把手方案 1
图 4-33（右）
木刨把手方案 2

图 4-34
木刨把手方案 3

图 4-35
木刨把手方案 4（左图）、
方案 5（右图）

图 4–36
拐杖把手方案 1（左图）、
方案 2（右图）

图 4–37
拐杖把手方案 3（左图）、
方案 4（右图）

图 4–38
拐杖把手方案 5（左图）、
方案 6（右图）

人机工程与创新

图 4-39
拐杖把手方案 7（左图）、方案 8（右图）

图 4-40
拐杖把手方案 9

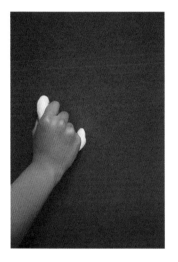

图 4-41
门把手方案 1（左图）、
方案 2（右图）

图 4-42
门把手方案 3（左图）、
方案 4（右图）

图 4-43
门把手方案 5（左图）、
方案 6（右图）

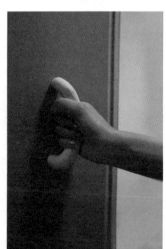

图 4-44
门把手方案 7（左图）、
方案 8（右图）

图 4-45
门把手方案 9（左图）、
方案 10（右图）

人机工程与创新

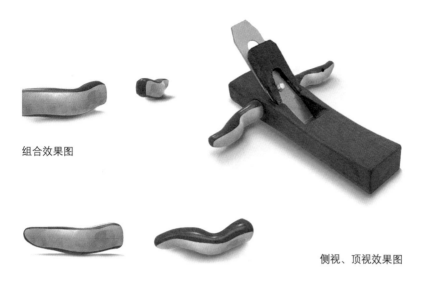

组合效果图

侧视、顶视效果图

图 4-46

木工刨子把手最终方案

安装环境渲染图

图 4-47

门把手最终方案

拐杖不同角度把手示意图

拐杖分解示意图

图 4-48

拐杖把手最终方案

	把手名称	长度	最大厚度	主要受力点	优点	缺点
	摩擦槽口按指式锉刀把手	9.7cm	3.1cm	大拇指根部，食指第二节关节处，中指第三节	厚度适中，食指与下部凹入处刚好贴合，适于各个角度用力，上部凹槽设计加强摩擦，大拇指用力更加方便	手掌与大拇指根部不能与凹面较好地贴合，两边凸起处抵住手掌，碍于手掌推动锉刀的动力实施
	水滴型底部连接锉刀把手	8.7cm	2.5cm	无名指根部指节，手掌掌心，大拇指	拿捏处下凹的设计恰当、轻便，减轻了锉刀本身笨重的感觉。食指没有以前的锉刀感觉那么吃力	稍短小，不适合手大的人使用，大拇指受前段凸起处阻碍。指甲不舒适
	嵌指式头部连接锉刀把手	10.4cm	2.2cm	大拇指，掌心与中指连接处	大拇指按压处增大了摩擦力，用力有着力点	没有小拇指摆放的地方，有局限性，同一姿势使用久了容易产生疲劳，不适于长时间打磨
	按指式几何弯折锉刀把手	12.4cm	1.7cm	中指第二关节处，食指	减轻了大拇指的受力，整只手的着力方式有所改变，受力更加均匀，造型上区别于以前的锉刀	做工复杂，可实现性较低，以夹压为主要的受力方式，不够圆滑
	Y形折角锉刀把手	11.5cm	1.2cm	大拇指，掌心，食指	用力较为均匀，与上一模型相比着力方式稍有改变	棱角过于明显，拿捏时舒适度不够
	F形弧线锉刀把手	13.5cm	1.8cm	大拇指，手掌，食指与中指的夹压处	比较上一模型而言更加贴合手掌。手柄长度适中	大拇指没有抵住受力点，手指稍长的人使用起来较吃力
	弯钩弧线型锉刀把手	12.9cm	1.3cm	掌心与手指连接关节处	拿捏较稳，重心成45°角更加省力，上部适于大拇指的摆放	下部翘起处阻碍了手掌与手柄下部的贴合，局限性较大

图 4-49

对于锉刀把手设计方案的草模分析（部分）

	把手名称	长度	最大厚度	主要受力点	优点	缺点
	嵌指式弧线型吸尘器把手	10.0cm	2.0cm	中指关节处，无名指与小拇指尾节	区别于一般桌面吸尘器的使用角度的改变	没有考虑到使用过程中出现的各种问题，棱角过多，造型过短，不适应于手长的人，摆放的位置局限性大
	三角弧线型拉杆吸尘器把手	17.0cm	3.7cm	食指前端，中指末端，手指与手掌连接处	作为桌面吸尘器的后部拉杆处，可将桌面型变为地面也能使用的状态	过于厚重，弧度太过于随意，不适合长期的清洁工作
	下部平直侧弧线吸尘器把手	11.7cm	1.3cm	大拇指，掌心	大拇指按压处增大了摩擦力，用力有着力点	后部翘起处不与手掌底部贴合，反而起到阻碍的作用
	C形流线吸尘器把手	10.0cm	1.4cm	掌心，中指，无名指	宽度适中，尾部加厚，拿捏时手感更好，更稳妥	太小，食指摆放处局限性大，受力问题没有解决
	工字形嵌指式吸尘器把手	10.2cm	1.3cm	大拇指，食指	使用方便，造型产品化	太小，食指摆放处局限性大，受力问题没有解决
	长条形嵌指式吸尘器把手	13.4cm	1.3cm	掌心与拇指连接处，中指，无名指	使用轻便，造型简洁，减轻食指的受力	棱角过多，摆放手指处局限性太强，大拇指没有能抵住的受力地方，造型太普遍
	嵌指大拇指凹陷式吸尘器把手	13.2cm	3.2cm	受力较为均匀，大拇指与中指受力较多	厚度与手掌接合较好，长度适中，适用于各种场合	重点在于拿捏而不在于推拉，与主题符合性有待议论，造型较现代化，可以普及

图 4-50

对于吸尘器把手设计方案的草模分析（部分）

人机工程与创新

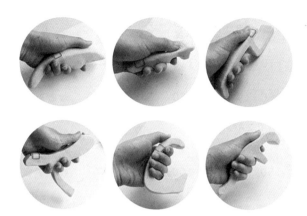

图 4-51

对于锉刀把手的握法演示

① 倾斜一定角度的手把，使使用时手腕与手臂呈自然平行，减缓手腕与手臂的压力

② 手柄的凹槽设计，给予手指支撑面

③ 手柄的弧面设计，贴合手掌曲线以改良手掌放置的不舒适

④ 底面的弧度设计，亦是以贴合手掌为目的，以适应吸尘器多角度的使用，当需要吸尘器反向使用时亦可受用

图 4-52

吸尘器把手再设计的最终方案

① 形成一定的弧面，以贴合手掌的曲线，防止手掌抓握的不舒适

② 手柄采用手指凹槽设计，倾斜一定的角度使每个手指都有一个可贴合的支撑面，便于手握紧手把

③ 手柄侧面形成一定的凹面，使手指更贴合整个手把

④ 顶面设置凹槽纹，用于增大摩擦力，使大拇指可以使出更大的力

⑤ 手柄前段延长，便于适应不同人群的手指长度

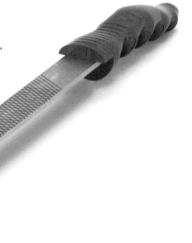

图 4-53

锉刀把手再设计的最终方案

草模 手绘图	长度 （mm）	宽度 （mm）	高度 （mm）	握把 长度 （mm）	握柄 宽度 （mm）	把握 方式	综合 指数
	210	25	130	110	31	斜握式	●●●●●
	250	35	70	160	10	斜握式	●●●●●
	100	60	40	90	60	直握式	●●●●●
	150	60	50	100	30	斜握式	●●●●●
	140	70	60	90	30	斜握式	●●●●●
	145	65	50	95	35	斜握式	●●●●●
	80	80	29	60	10	直握式	●●●●●
	150	40	150	65/70	30	直/斜握式	●●●●●
	268	110	68	80	31	直握式	●●●●●

图 4-54
汽车内门把手设计方案
分析

图 4-55　汽车内门把手设计方案深化草图

人机工程与创新

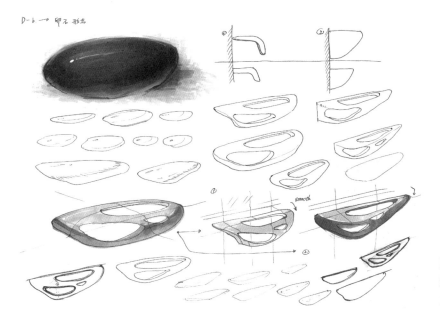

图 4-56
汽车内门把手设计方案意
向草图

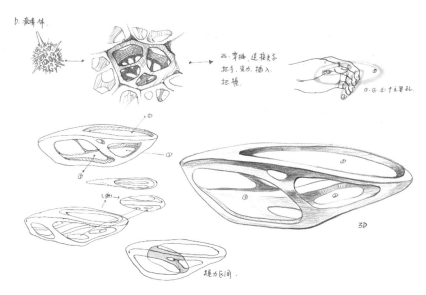

图 4-57
汽车内门把手设计方案定
稿草图

图 4-58 汽车内门把手设计方案定稿效果图

图 4-59 汽车内门把手设计方案最终实物模型

4.7 案例五：从人机工程学的角度对行李箱把手进行设计（方案1）

见图 4-60~ 图 4-66。

问题1：人们在使用旅行箱的时候，在推拉过程中，手腕会有一定的弯曲，长时间保持这个状态，手臂和手部之间会产生疲劳。据测量，这个角度一般在 10°~15° 之间。

方案：将把手倾斜相应的角度以适合手部。

问题2：将箱子往前推行的时候，一般把手都是水平的，会导致合力的方向偏移，造成推行不便。

方案：用问题1的方案可同时解决该问题。

图 4-60
旅行箱把手设计之前期问题调研

20寸拉杆箱的尺寸是 34cm×50cm×20cm，把手完全抽出时距地面为 105cm，手握把手时主要受力点在手掌和中指，无名指交接处的肌肉，握住把手时，手握空间呈圆弧状。5% 的女性和 95% 的男性手掌宽度在 71~97mm 范围内，把手长度应在 100~125mm 之间，实际应为 150mm 左右。当抓握空间在 45~80mm 之间时，抓力最大。

图 4-61
旅行箱把手设计之前期数据分析

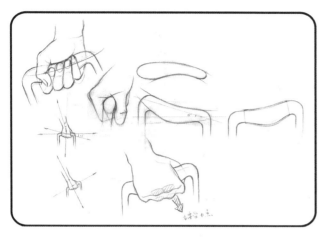

让把手尽可能地贴合手形，尽量减少手部不适，结合问题 1 与问题 2 的方案，把手斜向上倾斜 10°，长 150mm，中间最宽的地方周长大约 80mm。整体造型运用圆滑的曲线，在手感和观感上都达到人机工学的要求。

图 4-62
旅行箱把手设计之初步设计草图

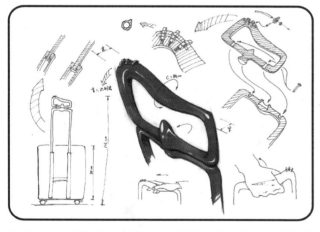

在初步方案上继续深化，将为盲人设置的装置融入把手，以及给把手附加 360° 旋转功能，以适应左右手的切换，并完善内部结构。

图 4-63
旅行箱把手设计之设计方案修改草图

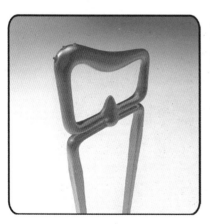

使装置的形态更完善，使其与整体相和谐，同时又不让它影响握把，将旋转时的锁定结构移到中间，凸起处可悬挂外出时的其他物品。

图 4-64
旅行箱把手设计之设计方案定稿效果图

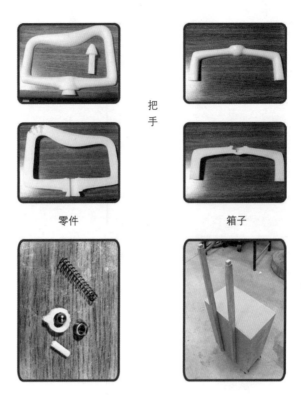

把手

零件 箱子

图 4-65
旅行箱把手设计之设计方
案模型制作过程

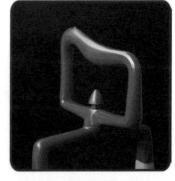

中间的插销抽出 5mm 左右把手即可 360° 转动，按下插销即可固定

运用类似密码锁的结构做的识别装置

图 4-66
旅行箱把手设计之设计方
案模型

人机工程与创新

4.8　案例六：从人机工程学的角度对行李箱把手进行设计（方案 2）

见图 4-67~ 图 4-72。

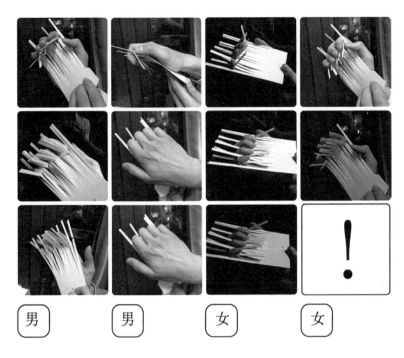

图 4-67
旅行箱把手测试关节弧度承受极限（右手手指中间指关节弧度测试）

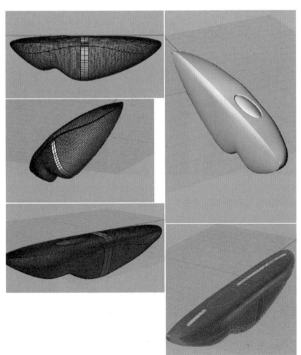

图 4-68
旅行箱把手电脑辅助设计模型

图 4-69 旅行箱把手模型制作

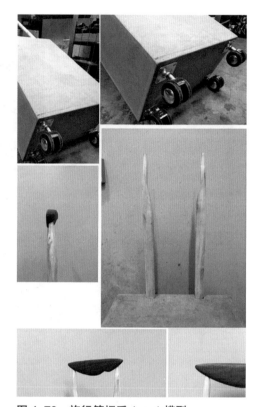

图 4-70 旅行箱把手 1∶1 模型

行李箱拉动模拟

图 4-71 旅行箱把手设
计方案模拟测试

人机工程与创新

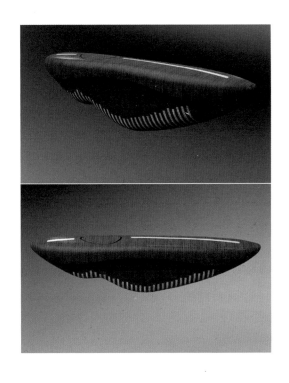

图 4-72
旅行箱把手设计最终方案
展示

4.9 案例七：从人机工程学的角度对行李箱把手进行设计（方案3）

见图 4-73~ 图 4-82。

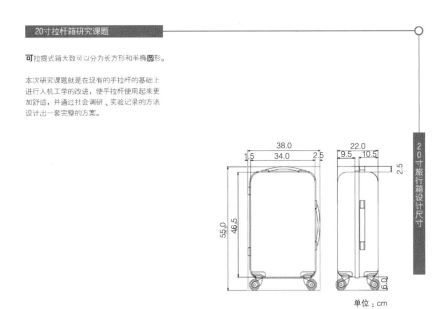

图 4-73
旅行箱把手总体分析

社会调查发现的两个问题

○ **长**方形便于拉，稳定性好，底盘宽，重力分布稳定，但是提就没那么方便，把手设计没那么舒适。

○ **半椭圆**形的提很方便，把手很合手，便于发力，但是拉就没那么稳定，拉的时候容易侧翻，重心不稳。

图 4-74
旅行箱把手问题分析

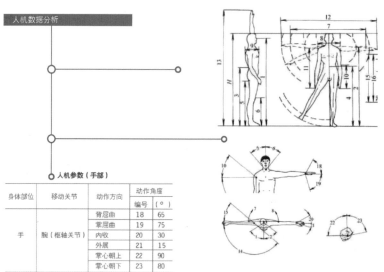

人机数据分析

人机参数（手部）

身体部位	移动关节	动作方向	动作角度	
			编号	(°)
手	腕（枢轴关节）	背屈曲	18	65
		掌屈曲	19	75
		内收	20	30
		外展	21	15
		掌心朝上	22	90
		掌心朝下	23	80

图 4-75
旅行箱把手所涉及的尺寸

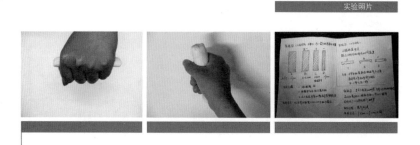

实验照片

实验①：关于手柄厚度的实验

○ 1 闭上眼睛
○ 2 将模型当做旅行箱手柄
○ 3 在不考虑重量的情况下感受舒适度

图 4-76
旅行箱把手实验①

人机工程与创新

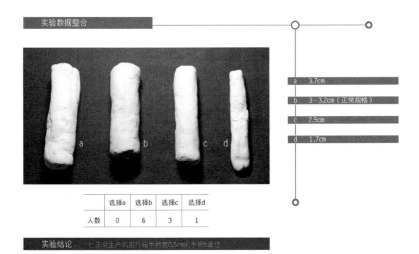

	选择a	选择b	选择c	选择d
人数	0	6	3	1

a　3.7cm

b　3～3.2cm（正常规格）

c　2.5cm

d　1.7cm

实验结论　比正常生产的旅行箱把手柄宽0.5cm的手柄b最佳

图 4-77

旅行箱把手实验①结论

实验照片

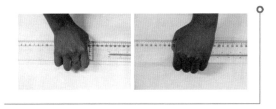

实验②：关于指距的测量

○ 在①的基础上，抽取b和c型的模型
○ 同样找10位同学进行测量

实验结论　正常人类的手掌与把手最舒适贴合距离为7.8～9.2cm

图 4-78

旅行箱把手实验②与结论

设计方案说明

在前面我提出两个问题。

第一，T形拉杆比较轻巧，但是拉的时候重心不稳，容易侧翻。

第二，长形拉杆便于拉，但把手不舒适。

针对这两点，我作了两个实验并提出了这次的设计改进。

①加强T形拉杆的稳定性，单杆的变形衍生品就是我采用了轻细的双杆，但和传统的长方形拉杆有明显区别。

②把手的舒适度处理，主要运用了贴合手掌的饱满弧形。

图 4-79

旅行箱把手设计要点与说明

拉杆总体纤细,适合女性和
力气小的男性

顶部凹槽设计贴合大拇指手掌弧度,
适合平地行走时推动

底部手柄适合行走时拉动,较为舒适

图 4-80
旅行箱把手设计方案说明

制作流程

精雕　　　　拼接　　　　组合　　　喷漆　　安装测试

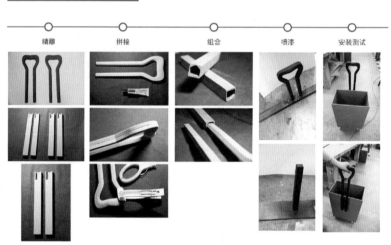

图 4-81
旅行箱把手设计方案模型
制作过程

最终效果图

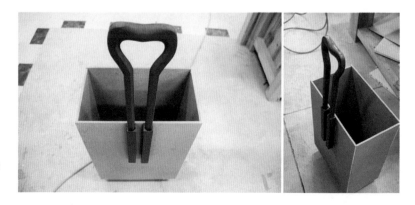

图 4-82
旅行箱把手设计方案最终
模型

人机工程与创新

第五章 人机工程学与创新

作为设计理据的人机工程学相关原则、原理与方法，在为设计过程提供参照坐标系的同时，也为设计打开了一扇创新之门。伊姆斯（Charles Eames）在一次著名的采访中针对"设计的创造是否允许限制存在"时，回答说："设计在很大程度上依赖于限制"。并且认为，如果设计中有需要遵循的规律的话，那就是限制。

5.1 设计即是应答

人的感觉是人机工程学的研究对象之一，它需经过理性梳理来降低自身靠不住的随意性之后，方能为指导设计之用，如感性工学。那么，设计又怎么会是应答呢？

应答可视为运用设计解决问题的具体方法及其过程，它探究的是"事物是怎样"的问题。但是，设计首先应该是有所感悟，而后才是应答，并且在设计过程中不断地有所感悟与应答。假如设计仅仅是应答，那么，其结果可能会成为在结构、性能、造型等方面是"好的"，但从"事物的整体"的角度，或者将其置于"大图像"的背景中来检验时，却发现那是"错的"设计。而且，这种"错的"设计往往会触及人机工程学的相关领域。如世界上第一台掌上电脑，由苹果公司于1993年研发的牛顿（Newton）（图5-1），具有当时较为先进的触控屏幕、手写输入（甚至支援草写）等新技术，而其手写辨识功能为一大特点。但是，作为掌上电脑，它太大的尺寸使得多数用户感觉难于使用。而且除了大口袋，使用者身上并无它的立足之地，有专家更是戏言，除非你是只袋鼠，否则只能把它放进手提箱或公文包里携带。诸如此类的使用问题，再加上在市场上找不到其定位，导致需求量低而停止发展，并于1997年停止了生产。

从这个意义上讲，设计研究可以看做是针对"错的"设计而设置的有效的"防火墙"。设计需要感悟，设计研究也同样需要感悟。因为，研究资料并不会将设计问题的答案直白地显现出来，调研数据也仅是

图 5-1
Apple Newton 和 iPhone

一些数字而已。数据所揭示的真实含义是什么，蕴涵于研究资料中的设计问题的实质以及它的边界是什么，这些答案都需要用分析和综合的方法来进行理解，也即感悟。

5.2 从人出发的原创性设计

设计前期的研究不仅可以用来屏蔽"错的"设计方向，同样也可以为设计指明一条具有原创性的道路。如丹·塞弗所言，设计师能做的最糟糕的事情莫过于成功地解决了"错的"问题，设计师不仅需要解决问题，他们更需要首先定义问题。这就是说设计需以研究为前提。无论是丹·塞弗为交互设计总结出的四类交互设计方法：以用户为中心的设计（UCD）、以活动为中心的设计（ACD）、系统设计（System Design）、天才设计；还是通常意义上的以造物为最终目的的传统工业设计程序与方法，无不是建立在对产品或服务及其内外环境、用户以及使用环境等方面的设计调研基础之上的。

在使用"原创"一词最频繁的艺术或者设计领域中，相关专业的专著对该词的释义有所涉及。在刘文金、唐立华合著的《当代家具设计理论研究》一书中，"原创"的含义如下："'原创'既强调事件在时间上的'初始'性质，也重视'创造'的性质。事物总有它最初出现的时候，而出现的过程有偶然和必然之分，偶然出现的是一种无意识的过程，它出现在有意识和无意识的行为之中，必然出现的是一种有意识的过程，可以被预料、期望、推理和判断，这些都是有意识的行为。"作者在此强调"原创"在时间上的初始性，在行为上的目的性，及其结果的必然和偶然的双重性。

人机工程与创新

在百度百科中有对"原创"这一词条的解释和说明。该定义否定"搞怪"、"另类"与"原创"之间的联系；强调"原创"的社会价值，对未来某种可能的预设性，以及这一新的存在的原型性。这里的"原型"不是指迭代式设计中常用的手段，而是指某事物作为一种标准或典型的样本，规定了它所代表的这类事物的本质特征，并成为这类事物后续发展过程中所效仿的模式。

根据上述词义与字义的考据，我们可以将"原"理解为源头，可引申为某类人为事物的端倪，即某类人为事物的原型；"创"可以理解为"第一个做"。由此，"原创"的含义应该是：在必然与偶然的"作用力"下产生某类具有初始性或者原型性的人为事物的行为及其结果。但是，在这世界上，"从头到脚"都是原创的产品几乎不存在。原创很可能只发生在产品中的某些关键要素上，当这些要素在某产品上集聚到某种程度并由此而获得社会认可时，那就可以给它贴上"具有划时代意义"的标签。因此，以"原创性"设计替代"原创"设计似乎是更为贴切的表述。

平衡椅（Norwegian Balans Chair）（图5-2），诞生于20世纪70年代末的挪威，由挪威设计师皮特·奥普斯维克（Peter Opsvik）在另一位设计师蒙赫尔（Hans Christian Menghoel）的工作基础上，同时在丹麦外科医生曼达勒（A. C. Mandal）博士"直角坐姿（right–angle seated posture）不切实际，并且可能不利于健康"的研究结果的影响之下设计而成。这把椅子要求坐者弯曲双腿，并且膝盖需跪在椅子前面的支撑面上，人们也因此称它为跪坐椅（kneeling chair）（图5-3）。这样的坐姿使大腿与脊椎之间形成一个135°的倾角，通过肌肉的作用，使人直坐（sitting upright）的时候能够在脊椎的前后保持平衡，这也是以balans（balance）命名这把椅子的内在原因。

图5-2（左）
由 Peter Opsvik 设计，挪威 HAG 公司
图5-3（右）
跪坐椅

这种在大腿与脊椎之间形成 135° 倾角的坐姿，既能保持人直坐时的平衡，同时又能使脊椎保持自然的 S 形，因而不会让人产生疲劳，靠背在此也就自然而然地变成了多余的部件了。平衡椅从"坐"的方式以及"椅"的构造这两方面彻底颠覆了传统观念对"坐"和"椅"的预期，因而在 2000 年出版的名为《The Chair：Rethinking Culture，Body，and Design》的专著中，平衡椅被其作者美国加州大学伯克利分校教授克兰茨（Galen Cranz）誉为"20 世纪，在价值数百万亿美元的椅子生产的国际领域中最为异类的作品"。但也正因为如此，原创性极高、颠覆性极强的平衡椅在世界范围内推广的速度非常缓慢。

5.3 "实验调查"方法与"调查实验设计"

5.3.1 实验调查方法

调查作为研究的基础其目的在于为研究以及往后的设计提供素材。调查可以通过访谈、问卷、观察等方式来展开，也可以通过实验来达到目的。

实验调查法要求实验者在实验前期的准备阶段按照一定的实验假设来制订实验计划或者方案，该阶段需考虑的主要问题包括：设定实验对象与内容也即实验任务，确定采用的实验方法和研究类型如组内或者组间研究，以及落实实验环境；据此选择具有总体代表性，或者与受众目标相匹配的被试者，并确定样本大小等问题。在实验的实施阶段中，实验者需在实验计划的指导下来展开实验工作，并根据具体的实验环境对实验计划作适当的调整；实验过程中实验者通过改变某些一般为预先设定的实验变量等实践活动，来采集相关实验数据为研究提供支撑材料。在调查资料与数据的分析研究阶段，实验者运用统计的方法整理数据，并以可视化的方法如各类图表将研究结果清晰地呈现出来，从中认识和把握实验对象的本质及其发展规律和趋势。

由此看来，实验调查法作为一种"设计感"比较强烈的调查与研究的方法，不仅可以在设计启动前用来框定设计问题、明确设计方向，同时也可以作为在设计过程中检验设计效果、推进设计，以及评价最终设计结果的方法。

5.3.2 调查实验设计

调查实验设计可以理解为一种包含有调查、实验和设计三个部分内容的设计过程，它可以是调查—实验—设计的"三段式"可往复的递进过程，也可以是将实验落实在调查阶段的调查实验——设计的过程，同样可以是将实验后置于设计阶段的调查——实验设计的过程，这需根据设计的具体情况而定，但其中的要点则在于实验。实验不仅仅只是测试，其本身含有相当高的设计含量，它既可作为调查研究的手段，又可以作为检验设计的手段，甚至可以成为设计的一部分而难以将两者区分。如在交互设计中，通常运用各种类型的原型将设计概念可视化，并以原型作为实验对象与该设计制定的目标或者预设的产品功能加以对照评价，以这一阶段性的检验结果来指导和改进设计，如此循环往复直至原型能够达到设计制定的目标，或者满足产品的预设功能。原型既可以视作实验的结果，也可以视作设计的结果。

调查实验设计所主张的以实验推进设计的理念，与诺曼（Donald A.Norman）博士所推崇的"自然设计"的宗旨颇具相似之处。如被诺曼博士津津乐道的电话的细节设计，"都是在实验室中精心研究出来的，按键的大小和按键之间的距离也都经过仔细的考虑"，除此之外的所有电话中细节的设计改进，都是历经数代产品更新的结果。因此，要得到"自然设计"的硕果，就需经历让人难耐的、无比漫长的设计"成长"的过程。但是，在以效率为标杆的当今社会，在"时间就是金钱"的设计现实中，大时间跨度的"自然设计"的方法往往被设计拒之门外。然而，"自然设计"中的实验的精神却慢慢地从研究所、实验室走进了设计室。

面对设计中出现的问题，经验丰富的设计师可以以经验代替实验来加以判断并予以解决。但是经验总有失灵的时候，尤其是面对新问题，或者是所谓的"邪恶问题"——那些不易弄清且边界模糊的问题——的时候。

随着 20 世纪由工业社会向信息社会的转型，越来越多的人在办公室中就可以完成许多以前无法在办公室完成的工作，这也意味着，较之过去人们待在办公室的时间越来越长。这使得人与其办公环境中的家具尤其是办公椅不相匹配的问题日益凸显，抱怨背痛的雇员人数不断增加即是证明。针对这一全球性的问题，丹麦外科医生曼达勒博士在借鉴前辈的研究成果的基础上，提出自己的观点与假设，并由此展开了一系列的调查与研究。

此前，对于背痛的原因，专家们通过研究将之归因为"错的坐姿"，并提出"直角坐姿"——髋关节、膝关节、踝关节均处于 90°的坐姿——是"正确"的坐姿的观点。在研究了德国整形外科医生索贝特（Hanns Schoberth）于 1962 年拍摄的一组人采用坐姿工作时的 X 光片后（图5-4），曼达勒发现——人在采用坐姿工作的状态下，髋关节只能转 60°而不是 90°；髋关节的转动导致骨盆轴线向后弯曲而使腰椎部分被拉平了 30°，这正是造成背部肌肉紧张——背痛产生的症结所在。虽然已被尊为人体测量和家具设计训练的国际标准，但曼达勒

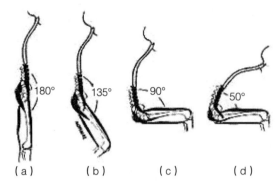

(a) 180° (b) 135° (c) 90° (d) 50°

图 5-4　采用坐姿工作时的 X 光片

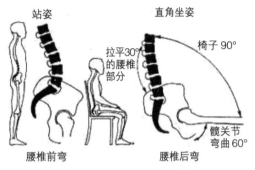

站姿　　　　直角坐姿

拉平30°的腰椎部分

椅子90°

腰椎前弯

腰椎后弯

髋关节弯曲60°

图 5-5　关于人侧卧时姿势变化的系列 X 光片

根据自己的研究否定了"直角坐姿"的正确性："这种错误的坐姿看上去非常好，但是人们不可能长时间采用这样的坐姿，况且它缺乏科学依据"。

另一位整形外科医生，美国人基冈（J.J.Keegan）在 1953 年拍摄的一组关于人侧卧时姿势变化——站姿（图 5-4a）、休息（图 5-4b）、直角坐姿（图 5-4c）、上身前倾（图 5-4d）——的系列 X 光片（图 5-5），为曼达勒研究正确坐姿提供了有利的支撑材料。通过观察由姿势变化引起不同的腰椎弯曲的程度，他认为"休息（图 5-4b）"姿势属于人的自然状态，这种大腿与脊椎之间形成 135° 的倾角的姿势，接近于人休息时的状态，以这种方式坐是一种更为舒适的坐姿，因为这种坐姿能使脊柱以更为舒适的方式支撑人体躯干。

在前述调查研究和分析的基础之上，曼达勒提出了"栖息（perching）"的概念——一种间于站和坐之间的站立姿势（stance）——用以纠正"直角坐姿"的错误观念。为验证这一概念的正确与否，他设计和指导了一项实验室实验，旨在采集当坐面与桌面的倾角和高度发生变化时，由被试坐姿变化所引起的腰椎弯曲变形的具体数据。实验中，他将坐面与桌面的倾角和高度的数据变化作为自变量，将被试的肘关节、髋关节、第四腰椎间盘和肩关节这四个结构点的数据变化作为因变量，通过调节坐面与桌面的倾角和高度，测得被试在不同倾角和高度时坐姿的四个结构点的数据（图 5-6）。从中曼达勒获得了积极的实验成果："栖息"姿势——当人与高坐前倾、配合高桌面内倾的桌椅匹配时所采用的坐姿——可大幅降低上身和髋关节的弯曲幅度，从而避免了腰椎向后弯曲变形的发生——这一导致背痛的"罪魁"。

根据"栖息"的概念及其研究结果，曼达勒博士设计了坐面超过标准高度、其前部倾斜的座椅，以确保大腿与脊椎之间形成的是倾角而不是直角。与该座椅相配的是高度适宜、具有可调性倾斜桌面的工作台，这种可调的倾斜桌面可以切实起到减轻颈部肌肉紧张、缓解颈部疲劳的作用。如图 5-7 所示，这套桌椅也许算不上什么靓丽的、所谓的"好的"设计，但它却是一个有益于人的身心健康的、"对的"设计。

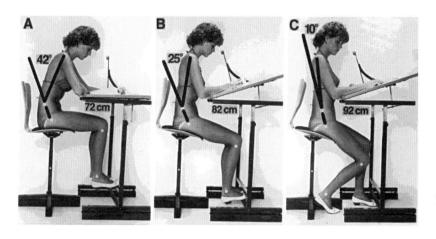

图 5-6
不同倾角和高度时坐姿的
四个结构点

图 5-7
根据"栖息"的概念及其
研究结果设计的课桌椅

原创性设计有许多种值得借鉴的方法，丹·塞弗认为，"一个好的设计师应该能够视乎情况而切换使用不同的方法。"反过来说，调查实验设计并不是设计方法中的王者，不是放诸四海皆有效的"万能钥匙"。它是不同于以经验为基础的天才型设计方法，是一种以相对客观的实验结果为参照和评价标准，较为稳妥而有效的设计方法。其目的在于使得设计结果相对可控，使设计结果更贴近使用者的真实需求，更符合他们的生理构造、心理模型和使用习惯，以降低产品出现的那些令人防不胜防的人机工程学问题、可用性问题等的可能性，尽量让使用者少为此埋单。

调查实验设计之于设计，就如同人机工程学对于设计的问题，人机工程学对于设计问题的解答绝不是万能的，但也是万万不能没有的。

参考文献

［1］（美）阿尔文·R·蒂利绘.人体工程学图解：设计中的人体因素 [M].北京：中国建筑工业出版社，1998.

［2］石林，郁波.工业设计人机工程学教程——行为参数 [M].南宁：广西美术出版社，2009.

［3］（美）达尔，（美）维尔德米斯特著.人机工程学入门——简明参考指南 [M].连香姣，刘建军译.南宁：广西美术出版社，2011.

［4］王继成.产品设计中的人机工程学 [M].北京：化学工业出版社，2011.

［5］王龙，钟兰馨.人机工程学 [M].长沙：湖南大学出版社，2011.

［6］张学东.人机工学与设计 [M].合肥：合肥工业大学出版社，2006.

［7］刘盛璜.人体工程学与室内设计 [M].北京：中国建筑工业出版社，2004.